你的独立,就是底气

YOUR INDEPENDENCE BOOMED CONFIDENCE

素手纤云 著

国际文化出版公司
·北京·

图书在版编目（CIP）数据

你的独立，就是底气/素手纤云著.—北京：国际文化出版公司，
2020.3
ISBN 978-7-5125-1169-9

I.①你…　II.①素…　III.①成功心理－通俗读物
IV.① B848.4-49

中国版本图书馆 CIP 数据核字（2020）第 003751 号

你的独立，就是底气

作　　者	素手纤云	
责任编辑	于慧晶	
统筹监制	胡　峰	
策划编辑	王敬波	
美术编辑	孙雨芹	
出版发行	国际文化出版公司	
经　　销	全国新华书店	
印　　刷	北京彩虹伟业印刷有限公司	
开　　本	880 毫米 ×1230 毫米	32 开
	8 印张	220 千字
版　　次	2020 年 3 月第 1 版	
	2020 年 3 月第 1 次印刷	
书　　号	ISBN 978-7-5125-1169-9	
定　　价	39.80 元	

国际文化出版公司
北京朝阳区东土城路乙 9 号　　　　　邮编：100013
总编室：（010）64271551　　　　　传真：（010）64271578
销售热线：（010）64271187
传真：（010）64271187-800
E-mail：icpc@95777.sina.net

自 序

1

初夏刚过，母亲揉着我因跑步用力过猛而摩擦变形的脚趾，心疼地说："小的时候骨头最软时，你非要穿高跟鞋，你看都变形了，长大后你反倒只穿平跟鞋了。"

何止变形？那时被高跟鞋磨破而留下的疤还在，紧身衣透不过气带来的急促感犹存。

像极了青少年时张爱玲的迫不及待：8 岁要梳爱司头，10 岁要穿高跟鞋，16 岁能吃粽团子，20 岁后要爱想爱的人。

那是一段和自己较劲的岁月，对美和人生的认知很单一，认为只有随心所欲，才算活着。

我也未能免俗，早在 23 岁前，我就完成了毕业、工作、结婚、生子等人生大事。

从此，年龄像车辆疾驰时窗外的风呼啸而过，我的生命却开始出现静止，我没有目标，每天睁开眼不知身归何处，身心日渐疲惫，开始执着于琐碎的事，要求爱人绝对忠诚，要求儿子千百倍地超越自己……

纠缠多了，烦恼更多，一如现在雪片般飞来的倾诉："工作不顺心，要不要辞职？孩子不听话，我该怎么办？他劈腿了，要不要分手？"

我感同身受，几乎每个女人都有过一段认假成真，缠缚搏击的日子，除非你自甘庸碌。

先生总好奇，一个自己都没活明白的小女子，怎能帮别人解惑？

其实，哪有什么好的解决方案，只不过我清楚生活里谁都会生烦恼罢了，这些烦恼除了寄情于时间别无他法，而我只做一个倾听者。那些絮叨，不过是女人们在相互取暖时拥有的默契时光，她们并不在意对方是陌生还是熟悉，因为这个过程，无比治愈。

相比过去，我似乎更能打开自己，享受谈话，捕捉有用的信息。多年前，我并不是这样豁达。

那年，父亲去世，一路安逸温暖的我，猝不及防地经历了一次重大迷失。还没抚平忧伤，工作也出现与价值观格格不入的东西，很多人一边趋向利益，一边迷茫虚度，活成了城市里镶金边的空心人。

我开始恐慌，且否定自己，不知道未来的意义是什么。甚至讨厌社交、当众讲话就会脸红，每次填表格上"特长"那一栏空白，总心生自卑，眼看楼下的合欢树一年年绿了又黄，阳光从浓烈变得迷离，才发现一切美好背后的暗影都藏着其所不知的忧郁和迷茫，不明所以。

庆幸的是，我知道女人立世，总要有所成长。

只是成长这条路，在到达某个节点前，坎坷遍地，有人放弃，有人放任，有人选择蓄养深根，希望立得稳妥。

我选择了后者。

开始海量阅读，笨拙蛰伏，在书里和大师对话，长夜里独自生长。如今说出来，并不是什么了不起的艰难，但那种漫长的，对未来不明的消磨，曾经像头小兽，时刻在消耗着我的斗志。

在这个过程中我摸索、挣扎、蜕变，后来成了写作者，通过指尖的流动，把文字传递到他人的精神世界里，随之而来的是身边涌现出各种资源：活动、讲课、交流……人生重新进入一个又一个的美好阶段。

在回望这 7 年时突生欣慰，没有蹉跎，已有收获。

2

昨天，我去体检。

被抽了两管血，又躺在那儿由着仪器从心肝肺脾肾上滑过，最后一跃而起，相熟的医生和我开玩笑："你这个指标，再生个 baby 也是没问题的。"

我笑，baby 不会再生了，但整个人却宛若新生。

还记得 3 年前，每天腹痛，痛到蜷缩，痛到冷汗淋漓，绝望下做了大手术。谁料对麻药过敏，呕吐，瘙痒，前一分钟还和先生笑着对话，终于要把那个害死人的东西割了，从此无忧。

转头陷入深度昏迷，吓坏了那个人，他狂按铃。刚下手术台的我直接被转送 ICU，待至半夜，幽幽醒来，小护士一声"姐"，才知道自己刚从鬼门关晃荡回来。

后来才得知那人从慌到呆，在病房呆坐一夜，直到护士告诉他"已醒",抹泪后一头栽向病床。

出院很久后的深夜,他时常发出断续的呓语,仔细听,唤着我的名字,我立刻明白,住院那些天,医生担心麻药残留,要他保持隔几个小时叫我的频率,隔了那么久,他仍心有余悸,即使是在梦里。

这个细节后来被我反复写进小说里,边写边哭,我知道生命不再是我一个人的。

手术恢复后,我主动要求锻炼。

我想,除了写作,这辈子我能做到极致的事儿,就是运动了。

开始,我选择骑行。最初的气喘吁吁让我意识到,自己与身体之间的陌生,这种可怕的熟视无睹,长久以来剥夺了我的行动力和喜悦感。

我每天坚持骑行来回20公里,渐渐地,开始风驰电掣,平稳地过渡到了跑步。

跑步是一件比骑行还孤独痛苦的事,需要强大的耐受力,但它所分泌的多巴胺让我的心情越来越好。跑步时,所有迷茫和困境都被甩在身后,所有的不确定也在一步步的坚持中确定下来。

很感激世间智慧以"跑步"这种方式来到我的面前,重新塑造了一个生命,没有抑郁,没有生病,没有滋生横肉，更没有在日复一日的庸常中麻木。

除了这些，还重新收获了对生命美好的认知。公园的角落里遇到了那么多的喵星人、彩色的小鸟、不起眼的夕颜，还有阳光和好天气，我吸收了宇宙赐予的所有能量。

3

比起文字的灵动开阔，生活里我是一个极内向的人，从不轻易交心，但情绪的触角特别敏感，常为爱与被爱感动着。

而我最早感知被爱，缘于吃。

父亲擅长美食，即使在食材贫瘠的年代，也能做出令我垂涎的美食。它是红烧肉起锅前投放的那几个青梅，清汤鲫鱼最后抛撒的一撮香菜，酸菜罐里冒出的泡泡，滚粥泛开花的蜜饯……

出锅前的第一口鱼豆腐一定是我品尝的，最后一个鸡翅也是留给我的，父亲离去多年，我真正怀念他的日子，细细想来，都和那些微不足道的味道有关。

成家后，婆婆对孩子们表达爱意也是通过吃来完成的。知道我不食动物内脏，就自己买来，费力清洗，用心烹饪，自此给我养成了只吃她做的猪肚、耳朵的习惯。

先生对我和儿子，依然如此。各种纪念日，从开始带娘儿俩外出品尝，到后来在家做一顿复杂的饭菜。五味调和里，千滋百味中，都是那个不善表达的人最佳的示爱方式。食物一直在提醒着我，生活除了波折与平淡，还有温良和暖。

而我，能回报的仍是一顿美食。

日子晦暗的时候，没有灵感的日子，我就去菜市场走一走。土豆牛腩，话梅小排，油爆虾，甚至只需清粥素菜，大人孩子喝上一碗，立刻通体温暖。

食物是有力量的。在一起多年，彼此在唇齿间的点滴眷恋，早已汇成了另一种烟火深情。人生海海，助你破浪前行。

4

有人说，小人物的生活，大部分是悲，悲里掺着零星的喜，就连这喜里，都掖着"有今日无明日"的忧。

并不，虽然我们的悲和喜，比富人来得动荡一些，不像衣食无忧的小布尔乔亚们，秋日落叶也要悲一悲，去再高档的餐厅也不会多欢欣。

但无论是谁，都离不开爱与深情。我们渴望的，是生命本身。

年轻时最不屑的爱好、健康和柴米油盐，在人到中年后，却构成了生命中最重要的东西。

偶尔，我还是会任性一下，明知他极不喜欢那些无根的生命和馥郁的芳香，却偏要给自己定一束花。

这是性别本身带来的任性，他左右不了，但我能在深情里感知容忍，接受回报，然后蜕变，得以圆满。

哪怕年龄写在脸上，哪怕素衣素面，也无惧无悔。

目　录

辑二　在薄情的世界里，深情地活着

辑三　人生不慌张，岁月莫流离

辑四　不想认命，那就拼命

辑一

我有傲骨,

亦有柔情

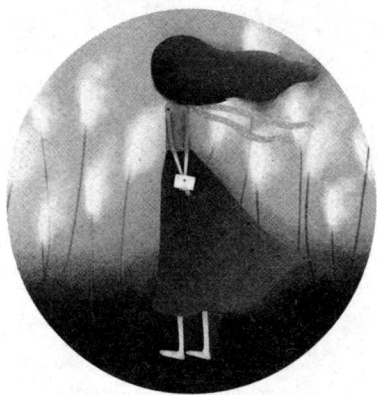

你的独立，就是底气

并非红颜易老，你只是流汗太少

1

春天才刚过，女友就急吼吼地甩过来几个链接："这件丝质衬衫只有你这个瘦女人才能穿出味道来，这个裙子也是，我只能塞进半个腰……"

每年这时，她都像个蠢蠢欲动的小动物，心尖儿流淌出对华服的渴望，却又沦陷在吃的欲望中，然后在一轮一轮对肉肉的绝望中，开启甩脂自虐模式：绿茶饮食、热瑜伽、保鲜膜出汗疗法、生食甲木籽……

她靠顽强的意志力撑着，每天食几根菜叶、一杯酸奶、几颗红枣，徘徊在饿死的边缘；偏又酷爱做饭，锅包肉、糖醋里脊、嫩牛柳，受不住诱惑吃进一口，罪恶得直接抠喉催吐。

她要在夏天到来之前，把自己重新塞进 S 码的腰身里。

这种虐，是没有被体重逼疯过的瘦子体会不到的，而我恰好就是那个瘦子。和急需甩肉的她的差别在于我天生不胖，无论怎样大吃大喝，依然四肢纤细，腰围最小。但也逃不过她对我"体重不过百，不是平胸就是矮"的嘲笑。

长发，长裙，文艺范儿几乎是我年轻时的标配，只是气质可以培养，但身体不行。有些病痛，它藏在暗处冷不丁地跳出来，折腾起来比胖子生病要严重好几倍，几轮折腾下来，那时再好看的林妹妹也变成了中年黄脸婆。

我知道要摆脱这种状态，除了健身，没有捷径可走。办过健身卡，但缺乏毅力，几乎没去过；报过肚皮舞学习班，也没坚持多久；练瑜伽，还是半途而废。

直到后来气血不足，人开始萎靡，面如菜色，明明人很瘦，但腹部却开始松弛，又因长期伏案连肩部和颈椎都出了问题。虽然去养生馆做了全套的药浴、推背、肩颈护理，但长期的过劳坐姿，后颈窝经络不通，治标不治本。

几乎所有人都对我说"运动去"，我选择了最原始的跑步与健走。初时注定艰难，间歇性窒息带来了呕吐和浑身酸痛。

我停过，反复过，却坚持了下来。

自然物语，红尘造化，平生所见，无不成了心头至爱。

我才发现家门前凌晨 5 点的夏季，是一条樱花与蔷薇次第绽放的小径；6 点的冬天，夜晚的湖边和天上星月都冷清得煞是好看。

这些风景让我的情绪越来越稳定，强度到达一定极限必然带来快感。两年后，我依然纤瘦，但皮肤紧致，活力满满，身体也再无病痛。

去年，某平台邀请我做嘉宾，由于时间冲突，只好录了一个 VCR 发过去。后来我在混剪的视频中看到自己，没想到在众多优雅的同行里我的状态称得上超级好。

那一刻，我相信马雅可夫斯基说的"世上没有比结实的肌肉和新鲜的皮肤更美丽的衣裳"这句话了。

2

其实，我这位女友在减肥的道路上也算极有毅力的人，虽然百般折腾，但她依然能对生活给予的赘肉漂亮地进行回击，因为她体会过胖的滋味，在学生时代，胖子总是最容易被欺负的那一个。

很像《节食王国》里的艾丽西亚·凯特尔（Alicia Kettle）。虽然性格温柔，拥有文学和艺术的硕士学位，还做得一手好甜品，但一胖毁所有，因为胖，她遭受了各种不公。没人记得她的名字，只会喊她 Plum；连陌生的司机都嘲讽她的身材；没有男生喜欢她，每次相亲，对方扭头就走；就连梦想都变得遥不可及。

她从小就渴望成为一名时尚编辑。虽有敏锐的时尚触觉和深厚的文字功底，能写出优秀的时尚稿子，却怕有损公司形象，从未出现于人前。

在美女云集的公司里，她只能沦为枪手编辑，专门回复读者来信，写稿子，不能进入满是模特的时尚杂志公司办公，只能当个编外人员。当胖成为原罪时，她所有的努力都是徒劳的。

认真回想一下，胖，真是很可怕。

她们没有做错任何事，同样聪明、善良、能干，却因为身上多了几斤脂肪遭受了不公平的待遇。

面对嘲讽以及对美的渴望，胖子都想过减肥。但时间和战线拉得越长，越需要熬过自己的那些沮丧和不安。

咕咚里一位坚持跑步 5 年的运动达人，她每天必跑 10 公里，无论工作、出差，还是旅行，她都会抽出时间跑步。她分享心得道："最难的时候，就是你犹豫着要不要穿上跑鞋的那一刻，但当你跑出了家门，就赢了。"

改变并不难，难的是日复一日的坚持。

那些自暴自弃、沉沦下去的人，放弃了自我要求，最后只能对生活抱拳认输。

身材反映了一个人的自制力，减肥和保持体重本身就是一个自律的过程。能控制住体重的人，大多能控制住自己的生活。当你又瘦又好看时，就会发现自己不再急躁生气，很少焦虑，不抱怨诉苦，成长过程也会变得静悄悄的。

3

对于女人来说，运动是最好的化妆品。

尤其是过了 30 岁，身体的新陈代谢率下降，加上生活压力，衰老来得猝不及防，而长期运动，能让你保持良好的肤色和身材，那种从内散发的活力，是多少高级化妆品换不来的。

美丽是女人一生的事业，但靓丽的外表需要依托健康的身体。这种体会，我们懂，天生丽质、保养过人的女明星更懂。节食肯定要做，但运动同样必不可少。

众所周知，孙俪除了工作上的超级自律外，对身材的管理也超级自律，堪称典范。

她一直坚持练瑜伽。长达 12 年的瑜伽练习让她的身材在 35 岁依然柔韧无比，她拒绝熬夜，坚持泡脚，整个人非常有朝气。

主持人阿雅的气质突变，是因为胖了多年后，她意识到健康瘦是拯救仪态的关键。为了瘦，她试过针灸、埋耳针等多种减肥方法，这些方法除了把她的身体搞垮外，一无是处。最终她摸索出"12321"的瘦身原则：一天只吃早餐和午餐，且以果蔬素食为主，一周要进3次健身房，跳2次街舞，每次1小时。

还有近期，上了很多次热搜的闫妮，关键词都是"瘦"与"美"。

这个经历了离婚、发胖的48岁女人，为了控制身材，坚持不吃晚饭，少肉多水果，每周3天半小时以上的运动时间，管住嘴又迈开腿，于是体重噌噌地往下降。

《芳华》的主角原型，自述看电视、做家务时，把舞蹈基本功融进去，炒菜时腿部故作擦地状，洗脸时通过做鬼脸来锻炼脸部肌肉。

比起那些纯靠打针埋线撑着，一夜之间脸有可能垮掉的女人来说，她们普遍肉身紧致，下颌线分明，穿衣凹凸有致，气质或优雅大方或青春洋溢或风情万种。

那些常年做运动的女性也是如此。她们通常拥有紧致的肌肉，光洁的皮肤，红润的脸色，对身体皮肤的管理严苛到令人发指的地步。自律和努力绝对值得学习。

运动带来的快乐并不是一种泛泛而谈的感受。让自己一直又瘦又好看的过程看上去很辛苦，但只要你把运动培养成一种生活态度，做起来就毫不费力了。

修行下手处，就在此刻，在你此时站立的地方。

和渣男熬，你熬不起

1

日本有一个"丈夫去死"的网站，意外走红。

被网友发现时，已有1000多人注册，600多人签订了"契约"。在这里，你能看到很多日本已婚女性对丈夫最恶毒的诅咒。每当有人发帖说自己的丈夫终于死了时，其他主妇的羡慕之情溢于言表。

"祝贺你。"

"太羡慕你了，以后就是幸福的人生了，恭喜。"

"真好啊。我老公每天烟酒都抽足喝饱，体检却没问题，真令人失望。"

与魔立约，背离上帝，撒旦教历来就是如此。

很惊恐，在天下男人心里以贤惠著称的日本女人竟然如此恶毒与冷漠，仔细想想，这不过是她们在男尊女卑的思想里，因离婚之路障碍重重而绝望的反应罢了。

这些妻子多数是家庭主妇，没有任何经济来源，想独立又不被允许，人生一旦遭遇无援，最终只能求个鱼死网破。

何止日本！

中国亦如此，在表面的岁月静好里掩藏着很多丑恶。柴静在《看见》里写到：在中国监狱中，女死刑犯大多是家庭不幸的产物。

她曾采访其中一人，"如果回到 18 年前的那晚，还会不会杀了丈夫？"

"会，因为至今想不出除了杀害丈夫更好的逃避不幸的方法。"

连生存都受到威胁时，不想忍的女人会变得很残忍。婚姻艰难，可真让她们狠心放下、洒脱地为自己活一场，更难。

这些被毁掉的女人，除了将罪恶归于男人不好，更多时候，把男人当成归宿。这种想法一面来自传统的毒害，一面来自本身的不自信。

2

有个小读者曾半夜私信我，8月底要离开家去相隔千里的城市读大学，但始终有一件事难以释怀，就是爸妈拖到半死不活的婚姻。

她说："父母结婚20年，早已貌合神离。"

父亲是私企老板，母亲是典型的贤妻良母，七八年前他们还商议要给女儿再生个弟弟或妹妹。

但后来这个话题，很久都不再提及了，因为妈妈发现了爸爸在外不老实，先是和他的女秘书，后来听说是女客户，再后来是妈妈的一个小姐妹。当然，这些都是母亲和姨妈通话时她偷听来的。那几年妈妈隐藏得很好，爸爸也总是按时回家，但他们之间总是笼罩着一种奇怪的气氛，冷淡、疏离、客气，又带着怨恨。

她也想恨爸爸，却恨不起来。他虽然不是好丈夫，却对女儿极好，吃穿用度总是给女儿最好的。她是艺体生，每个周末的专业课全是他亲自送去邻市学习的。

爸爸是好父亲，妈妈是好母亲，他们却不是一对好夫妻。

这几年，他们经常吵架，义愤填膺时妈妈总对她抱怨："跟着他，真是毁了我一生，要不是因为你，我早就走了。"

母亲大概没想到她的话对女儿的心理造成了伤害。因为一直担心他们离婚，她忽略了妈妈的痛苦。直到发现妈妈吃安眠药，她才发现妈妈患了轻微抑郁症，常常发呆，默默流泪，才知道用尽亲情捆绑她，错得很离谱。

高考后，她试探性地劝其离婚。没想到母亲并不愿意。

她问："为什么要和他在一起？你爱他吗？"

"有啥爱不爱的，我就是不想让他好过。"说这话时，她咬牙切齿，鬓上有微雪。

情感上的穷途末路，让她准备蹉跎一生，来报复这个男人。

小读者很难过。年轻的她并不知道还有很多婚姻不幸的女人站在尘世的泥潭里，走不动，拔不出，用尽枷锁捆绑自己，却把所有不幸推给男人，眼睛只盯着背光的一面，怨恨丛生。

颓败、困顿、痛苦、绝望、心有不甘成了生活的全部，却又无计可施。

3

所有感情中，爱情最艰难。

因为它不像亲情那般骨肉相连，也不似友情，得之幸，不得命。它脆弱，尤其是步入婚姻的爱，经不起冷漠，稍稍不慎就灰飞烟灭。有很多夫妻婚姻破裂的原因，就是冷漠后积怨太深。

长期生活在一起，必然存在很多碰撞、冲突甚至伤害，如果这些行为得不到及时沟通与修复，就会积累下来，积累太多，在某一时刻被点燃，就会轰然爆炸。所以，"怨不可积，冤不可极"。

女人对男人的怨，好似埋在地下的雷，不知何时会被引爆。在受冷落、被挑剔、各种关系处理不当中，情愫耗尽，慢慢地，双方进入一种"好不了又离不了"的困境。

如果问一个女性，你在婚姻里受到最大的伤害是什么，无外乎以下这些。

老公出轨，在我生完孩子刚满月之时；和婆婆吵架，他一巴掌打在我脸上；家里所有的钱，都花在了别的女人身上……

当然，这还不算最惨的。那个因老公嫖娼、家暴而产后抑郁，抱着两个孩子坠楼的女人在遗书里写道："我怀胎 10 个月，全身浮肿，走路重喘，转动身体都艰难，他却嬉笑怒骂，和女人把酒言欢，同床共枕。"

还有一直挂在热搜上，为了 3000 万保费杀妻的男人。手段几乎和苏格兰案件《九号秘事》如出一辙，残忍又血腥。

有网友篡改名言："世上有两样东西不可直视，一是太阳，一是渣男的心。"

透过这些爱恨情仇，字字血泪，能看到女人一颗颗真实又破碎的心。这就是劣质婚姻。它从花好月圆开始，到残垣断壁结束。本以为两人相爱，能共同抵御人间风雨，却不曾想，最大的风雨和危险，是最亲密的人带来的。

人活于世，选择和喜欢的人在一起，是真性情，最怕看轻过日子积攒下来的温情。因为走进婚姻，才是考验和磨难的开始。从甜蜜到苦涩，从依恋到折磨，从你侬我侬到不共戴天，从爱人到仇人，矛盾丛生，风波无处不起，围城里的一地鸡毛再也无法清除干净。

女人会为了子女、家族、名利选择继续捆缚，时间久了婚姻成了一场酷刑。在这场刑罚里，被渣男手刃无数次。经过发酵，很可能先毁掉的是自己。

因为，女人熬不起。

4

最近看《金婚》，时常泪目。

大庄对淑珍说的一句话令我记忆犹新："我一直以为我是家里的顶梁柱，其实你才是家里的顶梁柱啊。"并非所有女人都能像淑珍那样，在被冷落、被忽视半生后，忽然被发现自己的好。

文丽也是。当年佟志自私，打扰清风却不与之同伍，心有旁骛却不顾枕边人感受，老了才发现伴侣的重要，却忘了文丽曾经的撕扯、痛苦，文丽到最后才打开心结，放下并且被治愈。

女人可以为爱付出，但一定要有底线。底线就是，不许家暴、不许背叛、不许欺骗、不许忽视……如此，许多伤害可以避免。

曾围观过一位女明星的婚变。

男人犯错，却将脏水泼过来，一点点甩出她的黑历史。她百口莫辩，从此陷入舆论的沼泽地，电视剧被解约，谈好的项目因合作商一句"不和有污点的明星合作"而黄……苍茫天地间，她求生无门，又求死不得。

对她来说，那是一段生命退化、灵魂投降的日子，践踏生活秩序的日子。

所幸，兜兜转转后她意识到了这点。这两年，终将百般纷扰扔在脑后，不屑渣男的挑衅与诽谤。

以演员的身份从商，做月子会所，和家人在一起，陪伴单亲女儿成长，在污泥里一点点挣扎，积聚能量，最终破土而出并且站上舞台，含泪说出："爱情不是生命的全部，婚姻也不是命运的归宿。"

执念越重，越会痛。

扛下来，熬过去，才能过完余生。最怕，你过不去，出不来，卡在那里，耗完最后的一丝力气。

愿你有一张从未被欺负过的脸

1

陈丹青说，他第一次去美国时，大吃一惊，因为看到街上的年轻男女，人人都长着一张没受过欺负的脸。在中国，这样的脸难得一见。

什么是未曾被欺负过的脸？

大概就是成长环境顺遂，一直被家长保护得很好，什么苦难也轮不到自己承担，该拼事业时有了事业，在最好的年龄恋爱结婚生子，生活里有人免你惊、免你苦、免你流离失所……

但这个世界很功利，有些人不费力气就能得以庇佑，成家立业顺风顺水，有些人却要遭受九世穿心之苦，坎坷走尽也无人陪。

时间久了，虽然鸡血泛滥，逆袭常见，后者仍不可避免地长了一张攻气十足的心计脸、饱经世事的风霜脸或凌厉气质的精英脸。

一个人的面相里，绝对藏着她的经历。

如果有一张脸，看着就觉得平静，你一定想多看几眼。这是我见到那个姑娘时的第一感受，她是我在某 App 上关注的一位摄影博主。

我很喜欢她在博客上分享的各种旅行照，无论是西藏，还是清迈……她的作品秉承了一贯的干净柔美风格。

我偶尔留言，她也回得认真。互动频繁了，便加了联系方式，我知晓她现在长住苏州，兼职平面设计，一年间通常是工作半年，余下时间到处旅行。3 年内她几乎走遍了全国各地及东南亚地区。

前年初夏，和她聊天时我随口提起 7 月去苏州签售的事情。

那天活动因对方书店安排太过紧凑，整个过程有些着急上火，结束后转头看到有个女孩儿一直站在角落里对我笑，小脏辫，烟熏妆，帆布鞋，大领口下肌肤上隐约可见一朵绯红的玫瑰。但，她是发着光的。

虽然与我印象里那个穿着登山鞋和运动外套，不加修饰的女孩儿差别过大，但眼神里有最初打动我的那一抹岁月静好。

她说要尽地主之谊，一路带我步行穿过半个区到了观前街。

夜幕降临时，有男生跑向她，他高瘦，腼腆，她声称那不是男朋友，而是一起穿开裆裤长大的发小，席间听他喊她"女流子"。

看我发笑，他挠挠头，说道：

"她没你看到的那么乖，这个女流子敢在大庭广众下撩裙子，敢坐在男人大腿上劝酒，嘴里整天挂着各种变态的词。偏偏在险恶江湖闯荡多年却白裙不沾尘，守身如玉许多年。曾有个不信邪的公子哥儿觉得她很容易上手，晚上打电话约她，竟然未果，还被她教训了一番……"

两个人在夜色里笑得前俯后仰。

我问她如何驱赶身边的色狼。

她粲然一笑："对付色鬼的关键所在，你要显得比他更色，气势上、风头上要狠狠盖过他。记住，色鬼只喜欢那种软女人。"

我的脑子里，立马蹦出曾被誉为网络"最毒鸡汤"的艾薇儿的名言："我抽烟、喝酒、文身，但我知道我是个好女孩儿。"

看得出她很安分守己，但内心又隐匿着小怪兽，那么她的肉身必定被这两股力量左右冲撞，有过狼藉。

谈及过往，才知道她曾在出版社待过，并真心热爱这个行业。她说："做出一本书的成就感比赚很多钱强太多。"

"为什么还要辞职？"

"因为没有自主权啊，大到选题，小到配图，老板都亲自操控，我的很多想法不能实现，太局促。"辞职后，她倒一直挺上进的，学了韩语、日语，满世界跑，现在收入足够养活自己。

但这个世界特别不宽容，总喜欢给别人定人设，立标签，一旦被扣上一个，就立马没资格做自己。果不其然，她有个处了 3 年的男朋友，她却被他的母亲拒之门外，理由是"我们家不接受抽烟、喝酒、文身的女孩儿"，潜台词是"我们家不要放荡不羁的女妖精"。

她偏不。

蹚过红尘堆，练下世故场，她拎得清"做自己"三个字很难，但不委屈自己才爽。

2

传统的定义下，一个好姑娘不能过分对外界打开自己，要显示一定的戒备和钝感。就像《倾城之恋》里白流苏的嫂子在谈起自己不会跳交谊舞时，显出的那丝傲娇，反之则意味着你不安分和欲望太多。

人类一直是无知又粗暴的。

但归根结底，总有一些人要用男权社会制造的概念，将"好"编成美丽的牢笼，将天真的姑娘们塞进其中。

他们自身，往往也没有一个真正的价值观。你看那个围观了贾平凹《废都》的人，义愤填膺地拍着胸脯，叫嚣着"这类又色又痞的淫秽之作居然还能出版"，世人以为他义正词严，却不知每个细节他都能滴水不漏地背出来。

文明与野蛮，自由与专制，或许在不同人群之间存在差异，但就性别而言，不存在任何差异。再衣冠楚楚的人，也掩饰不了他根深蒂固的愚昧和偏见。

3

那些被订上"好"标签的女孩儿，大多内心胆怯，缺乏自我，总是不由自主地想要让人人都对她满意。

"好女孩"也不时标榜自己的"好"，而真正意义的"好"，应该是努力向上，一步步把自己逼成自己喜欢的样子，比如春夏和窦靖童。

在我心里，春夏是极有灵性的，镜头里那一绺随风飘落的发丝，带着慵懒与文艺气息，让人怦然心动。

当她和窦靖童站在一起时，这两个特立独行的女孩儿，几乎燃亮了奢靡的娱乐圈。

春夏很少去做他人认可的事，她只想讨好自己，离经叛道得不行，也酷到不行。

她不是一个乖小孩儿，注定要走一条非同寻常的路。

比起春夏的不乖，窦靖童注定是同类，一头乱糟糟的短发，下巴上的那条黑线、手腕上的文身犹如图腾，扮相桀骜不驯。

她确实没有学坏，却也确实不太乖。

外界评论她叛逆，动辄把她的直白归于主流范畴的生活外的叛逆。说幸好有王菲提耳叮咛"你不能去学坏，你可以不太乖"。其实，这个 20 岁的小女生内心通透清澈，举止谦卑，笑起来带有溶解性的温和腼腆。她知道有那么长的人生路要走，不过是想跨越一切标签，做个真实的自己。

偏见和谣言，总有一个在路上。许多人喜欢通过外表和行为去评判一个人的等级，用自己的价值观赋予他人人设，然后满足自我评论欲，活出一种从众的优越感。

世道艰难，生存不易。

所有人都毫不松懈才能活得稍微像个样子，而那些如月亮般存在的女人，一直被欣赏被尊重，哪怕在难堪的境地里，也能保持那些堪称美好的品质。不过是知分寸，懂进退而已。

送你一段柏邦妮的话：

"祝我能成为一个好人，而不仅仅是一个好女人。

祝我能拥有一些好品质，比如智慧、诚实、强健、明辨是非；而不是另外一些只分配给女人的品质，比如贤惠、顺从、淑德。"

希望你也是！

优质女人，真的是又跩又拉风

1

女人这种生物，太随性，你永远不知道她的下一个决定是什么。

比如我那个在家里做了 3 年全职太太的女友突然宣称，自己重返职场了。

别误会啊，她的生活一贯安逸闲适，在家里老公宠孩子爱，没有交恶的婆媳关系和经济危机。她最大的失败莫过于 3 年前在机场错过重要客户，导致客户被竞争对手抢走而惨遭辞退。

当时，受了人生最大打击的她连哭都找不到地方，却意外发现怀孕了，母性让她安下心来，职场算个啥，反正丈夫的收入足以让她在家安然度日。她理直气壮地度过孕产期、哺乳期和那些闲散的小日子，一晃神，孩子上了幼小班。

所有人都以为她会一直这样待下去，她偏不，开始想着振奋精神，给自己找点儿虐。

毕竟没有完全"丧失"一个贤妻良母的准则，这次她不再选择坐班，开始走上了半自由的职业之路。

谁也想不到，她"不务正业"的方式，居然做得风生水起，3个月后她的单月收入就翻了两倍，第一次拿到8000块工资时内心雀跃极了。

她说，数字上涨不是我最在意的事，本着不要与外界脱离的心，在意的是这大半年得到了不少锻炼机会，收获了一些宝贵经验。

令人开心的是，复工后，她每天看起来都是光彩照人，元气满满，浑身充满了干劲儿。原来是带娃再晚，也要敷个面膜再睡；现在是工作再赶，也要健身一小时，无论怎样都要保住自己的下颌线。

我知道未来余生，她都会过得很好。因为她充满智慧，懂得共性生存和平衡术。做全职太太时，她不会自断手脚，抓住一块"被养"的浮板，在孤独无垠的海面上渺茫地漂。重返职场后，又懂得娴熟地切换身份。

难得还有剔透玲珑的心，在家细腻绵长，在外犀利债张，懂得分享承担，明白分寸界限。连岁月也偏爱她，赋予了她跑出来再战江湖的勇气。

2

优秀的女人身上，总有一些特质是相通的。

这个特质就是见过世面，世面带来了视野，拓宽了人生阅历，让她们带着倔强，加上胸有丘壑的气度，活得很爽。

自媒体有个姑娘谈了很久的融资，刚结束，她立刻跑去买了一串 Tiffany 手链犒劳自己，隔天凌晨亲亲酣睡中的女儿，换上新衣，又飞去香港出了个差。

送机的老公嘲笑她："手上有两个案子要做，还要去给新人培训，居然还有精力去琢磨今天要穿哪条裙子，你这个女人实在太疯狂了。"

我也笑她甩过"停下来半年做一个四处流浪的村野乡姑"的狂言。

她发来一串语音："那不行，我好歹也是从千万个公众号的钢筋铜墙里闯过来的，哪能轻易停下，再说有那么多好看的礼物在等我，不拼哪行?"原来，她不但要赢，还要赢得漂亮。

只是，职场疾风浩荡，蜗居压力重重。

想起离职后刚入行的她，不懂躲避，乱写热点，每天担心随时会有炮弹咣咣落下，一不小心被砸成炮灰。

小心翼翼地融入圈子，投他人所好索取经验，才发现比独处时更孤独。后来，她持续学习，扩展人生边界，用温柔和知识去化解诸多的偏激和恶意。所获的思维与知识，实现了自我救赎，理所当然地拼来了钱和地位，更拼来了好日子。

才发现世道如此之好，那些烂人坏事不足为道。

当然，你绝对想不到这个拥有广阔世界、几句话就能把对手逼到墙角的女人，也曾在生了孩子后陷入两难的境地。

男人挣钱养家，天经地义；女人相夫教子，以家庭为重。

背包里装着吸奶器，她游走在梦想与家之间，有过飞一般地奔出公司大门的经历，也有过孩子生病一脸抱歉地去请假的经历……从一个公司的普通运营到如今的团队合作，她都熬了过来。

她说，有些痛苦，不是性别带来的痛苦，而是自我阉割成弱者带来的痛苦。因为上台阶总要付出代价的，适度的弯腰与妥协也未尝不可，但永远不要放弃自己。

毕竟像超人般的存在还是如蝼蚁一样被忽略，除了自己，没人有资格来安排。

3

黄碧云在《她是女子，我也是女子》里写道："叶细细给许之行留了一张纸条，写道，'如果有一天，我们淹没在人潮之中，庸碌一生，那是因为我们没有努力要活得丰盛。'"

何为丰盛？

不过是一个人的辛苦追梦，去追求去经历去突破，百转千回中，依然期待万物美好。你要看世界，就要经得起反复折腾，承受住来自命运的高低起伏。然后凭借高度自律，走过一段不为人知、艰苦卓绝的日子。

一路下来，靠自己。

作家汪贵贵曾经采访过知名网红 Lydia，一个从月薪几千块到年入百万的女孩儿。她仅用了 3 个月的时间，把知乎粉丝从 1 万涨到 9 万，月入近 10 万。

她的老公，是一名高智商、有名校名企背景的学霸。刚认识时，她月薪 3000 块，他月薪 12000 块，现在她的收入是他的 5 倍。

现在她不需要做家务，也不用费心索要他的工资卡，孩子跟谁姓这样的问题也不大，甚至婆婆还提醒儿子去考个博士，好和她更般配。

她现在的人生真是又飒又拉风，但这份骄傲，不是别人施舍的，是她自己赢来的。

职场小白的成功，并没有想象中那么容易，一如汪贵贵说，最打动她的是 Lydia 身上的狠劲儿，还有她随时清零、适应新规则的能力。

这些年，我越来越喜欢那些维密姑娘了，无论是超模刘雯，不按常规出牌的奚梦瑶，还是一直低调努力的何穗，以及新生代模特陈瑜。

别以为她们空有皮囊，她们中有的人创办了自己的化妆品帝国；有的去了美国名校、专心当一名程序员；有人离婚带娃，不仅不颓不伤，反而越来越美艳动人。

这些女孩儿，似乎天生具备一种独特的韧性，用不输专业运动员的意志力支撑着日复一日的优雅美好，在荆棘遍地的大环境里适应种种残酷法则，然后在孤独又狭窄的夹缝里倔强地成长着，直至蓓蕾绽放。

能享受好的，也能承受最坏的，用温柔的耐受力推动整个时尚界，无须册封即为神，不待加冕已成王。

最怕你有颜值而没气质

1

这些年，我参加过很多的打卡活动，比如阅读打卡、写作打卡、健身打卡，但都抵不过近期穿衣搭配打卡群里来得热闹。

群主 Tina 是一位有两个孩子的职场妈妈，也是一位眼光犀利、风格独特的时装达人，她每天都会定时推送、一一点评小伙伴们的穿搭细则，给一些宜减不宜繁、亮点应少、穿戴首尾相应的建议等。

和繁复花哨的风格相反，我穿衣风格过于佛系，夏天麻裙一拖到底，冬天裹着棉服牛仔，虽简洁，却单调。Tina 建议我在基础款上加一些点缀，长裙外加一串木质挂坠，棉服配条格子围巾。

我忽然发现一个仪态与气质并存的女人，真的很美。

她们在生活里更注重感官享受和精神满足。要知道 Tina 每天穿梭于职场、菜市场、学校，忙到争分夺秒，却穿着精心搭配的衣服，不亦乐乎，每天用各种仪器给自己滚脸，晚上哪怕累到眼皮撑不开，也要爬起来给自己敷个面膜。算不上大美女的她，这辈子却活出了自己最好看的样子。

偶尔翻到这样一句话："普通女人和漂亮女人的区别，有时就在一根脊椎骨上。"

想想身边那个仪态与姿容俱佳的美人儿，可不如此。哪怕侧身而坐，背也挺得笔直，长腿交叠，整个人既精神又优雅。

也曾追问过，姿态是怎么修得这么好？

她说，工作之初，参加过一个模特训练班，才知道人家的美一半是天生，一半也是后天修炼的，交过学费，流过汗水，自然修得一根直直的美人骨。

早早发现，生活里吸引男人的女人，除了相貌，更多的反倒是身上有一些特别让人喜欢的特点。当她出现，不自觉成了全场焦点，举手投足散发出令人无法抗拒的魅力，让人的目光无法从她的身上移开，这就是气质。让对方不由自主地想靠过来，觉得你与众不同。

刘若英曾在一篇文章里提到了自己与老公钟石相遇的细节。

她问钟石："你第一次见到我，是什么感觉？"

他说："那个穿着衬衫牛仔裤、拿着一个大相机东拍西拍的女孩子，我一看就喜欢了。"

那时，钟石是一个狂热的摄影发烧友，她恰好也是。她身上的这份行万里路，读万卷书的云淡风轻的气质，迅速地让他靠过来。如果她和伍尔夫笔下的梅布尔一样，觉得自己像一只邋遢、衰老、极其肮脏的苍蝇，还会有后来的两情相悦吗？

这些年，身边总会有各种年龄的女性很没安全感地询问："什么样的女人才能吸引男人？是有着美貌和好身材的吗？"

是，也不是。

如果束身衣裹不住一身赘肉，护肤品也掩不住满脸皱纹，那么你不仅吸引不了男人，同样也令自己反感自己。

但说到底，美貌和物质都是小 case，毕竟花瓶一样的女人，摆不了多久，能让自己与众不同的，是干净优雅的外表和丰盈充实的内在。

2

有些外表好看的人，五官并不出众，但气质却足以秒杀一切虚有其表，因为"腹有诗书气自华"。

网上有个备受争议的女明星，长相美，家世好，但因为演技问题一直被诟病，从流量小花到无声无息，一直红得尴尬。花瓶出道带来的话题热度，让她意识到舞台上的高光时刻是需要代价和成本的。反倒再次出道后，受越来越多的人喜爱，"魅力"这种气质真能重置人的感染力。

可悲的是，部分人对美貌有太多敌意。

微博上有个女孩儿说："我的脸是会呼吸的人民币，纪梵希小羊皮的唇膏，植村秀的眉笔，以及香奈儿的香水，更不用提各种限量款的包包，随便出个门，都仿佛能听到人民币哗啦响的声音。"

很多人在下面排队留言，说女人就要这样美，要么不出门，只要出了门，那张脸必须成为会呼吸的人民币。

说真的，这种女孩儿的漂亮，挺没格调的。无非是大众迷恋的网红的大眼睛、假睫毛、唇珠和尖下巴，以及时尚前沿的爆款时装，一开口就出卖了无趣的灵魂和浅薄的内在，和所谓的高级感一点儿关系都没有。

国内很多女性，毫无止境地追求一种精致而娇柔的美，期望站在城市之巅，笑傲江湖，不惜在脸上动刀子。《纽约时报》也曾报道，继美国和巴西以后，中国成了全球第三个整容大国。

其实，她们不懂，女人大美为心净，中美为修寂，小美才为貌体。品位与气质，与其说是一种标准，倒不如说是一种阅历。

一个女人，如果有极好的品位与气质，那足以证明在"自我建设"这条路上翻越了千山万水，根本不必过分强调自己。但如果没读过很多书，没去过很多地方，那么根本无法获得由内而外的辨识度与诱惑力。

像那位走美貌路线的明星，她曾是冷艳绝伦的冷小星，冰清玉洁的香雪海，很长一段时间，都是花瓶的代名词。

这些年以来，她与主流娱乐圈保持恰到好处的疏离，不远不近地遥望着声色犬马的名利场，积极读书，学英语，增强演技，周身形成了开阔的、豁达的气场。

女明星也代表了部分普通女人的追求。生了小孩儿身材还像少女是本事，哪怕四五十岁也希望全身没有沧桑的痕迹，永远如刚出土的瓷器般细腻，才算成功。

空有美貌，无智慧，是极度危险的。它让你失了分寸，以为自己能得到，反而误了性命。

这一点，王安忆在《长恨歌》里写得最好：

"长得好其实是骗人的，又骗的不是别人，正是自己。长得好，自己要不知道还好，几年一过，便蒙混过去了，可偏偏是在上海那地方，都是争着抢着告诉你，唯恐你是不知道的。所以不仅是自己骗自己，还是齐伙地骗你，让你以为花好月好，长聚不散。帮着你一起做梦，人事皆非了，梦还做不醒。"

3

美有两层，各表颜值和内涵。

容貌或许可以天赐，但气质一定要修炼，要有坚守心，不被环境影响，不为潮流所动，按自己的节奏管理身体和内心。

最怕你把形象问题归结到减肥、颜值、衣品、妆容，忽略了仪态。毕竟颜值随着时间的流逝改变，气质却能随着岁月的消逝不断叠加。

平日收腹的女生腰部不易松弛，不易胖；挺直腰背不但能保护颈椎，还能让你背部纤细，颈部变美；走路夹紧臀部，核心肌群收紧发力，拥有笔直纤长的美腿也不是梦想。

至于内在，我想姜思达这句话能告诉你：你可以一天整成范冰冰，却不能一天读成林徽因。速效的东西，往往无法抵达真正的美丽。

除了"一身诗意千寻瀑，万古人间四月天"的林徽因，"诗书藏心，岁月不败的美人"叶嘉莹和"风骨铮铮"的郑念也能告诉你。

当然，还有董卿。她的"林下风致，絮白之才"，以及举手投足的细节，仅是屏幕上自然交叠放在腿上的双手，脊背挺直，表情专注，谦逊姿态自带的光芒，就让人挪不开眼睛。

这些女人身上普遍具有约束性。对世情的看淡开怀及对万物的分寸感，诠释了内涵的根本，有将内在魅力释放出来的勇气，最重要的权杖在手，还能对世间保有良知和暖意。在一件又一件具体事务的磨炼中跌倒，爬起，反思，精进后，才能被尊重，被欣赏，被爱。

很多人说，岁月是女人的天敌，岁数一到，皱纹便会来报到。

但困住我们的绝不是年龄，比岁月更摧枯拉朽的是岁月的侵蚀，前者是慢性病，后者却是绝症。

没办法，岁月尖锐，不由人。

硬核美人，没时间伤春悲秋

1

"嗜欲者，逐祸之马也。"

看到这句话，我想到了李莫愁。哪怕她再美，武功再高，也没人喜欢她，因为她无孔不入，无所不至，无所不为，手持冰魄银针，透着彻骨寒冷，让人不寒而栗。

她最大的缺点是太自我，爱别人，就一定要别人也爱她，如果不爱，必杀全家。

席勒说过："爱情因绝望而神圣。"

李莫愁的出场便是未见其人先见其掌印，一个掌印代表一条人命。她千里寻爱，未找到陆展元就把他哥哥一家人都杀了，又手刃何老一家 20 余口男女老少。

下手之狠，少有人出其右。她所做的坏事，不单是滥杀无辜，还因争夺《玉女心经》谋害杨过、小龙女等人，一个反派人物所能做的坏事，都被她一个人做尽了。

因为不懂"放下"，她一路闯荡江湖所作之恶，被有心人极度渲染，以讹传讹，成了人人谈之色变的女魔头。

刘瑜说过："女性这个性别之所以成为一个负担，是因为她们都太爱沉溺于爱情这档子事了。"

的确如此，在醉生梦死的红尘中，女人的心碎总是来得更快，她们将自己捆在女性的角色下，逃不出。绝对的爱情发生于绝对的人格平等之上。

"宁可媚晚凉，清风匝地随。"人生半场后，才发现自己除了一场又一场的情事，什么也没留下。

2

有些人认为，这个世界上有些爱情是没有条件的。

身边很多女孩儿找对象，通常要求对方比自身条件高一些，要求家境、学历、长相，似乎这样才公平，这却奠定了女孩儿的弱势感。更有一边想嫁有钱人，一边假装独立女性的；一边主张男女平等，一边伸手要钱花的。垫脚去够的姿态必然不那么好看。

一颗心，总惶惶然。

"天大地大，生存最大。"这是我的两个小助理的人生格言。

两天前，90后的秾失恋了，我本以为她要请半天假买醉，做好措辞前小心地发个红包以示安慰。

她不屑："那种不顾一切，发疯去爱一个男人的女人，一定有病。"

我捧着手机在800公里以外的城市里哑然，随后她给我列出了一套恋爱攻略：谁先动心谁先输、女人一定要有钱、没人通过你丑陋的外表去观察你优雅的内心、如果不主动去撕没人会知道你的委屈、男人都是大猪蹄子……

不由得想象了一下，这个接完分手短信、在卫生间补完粉、继续笑着出来见人的姑娘，样子一定很潇洒。

她的情形等同于亦舒"都市女子，哪有资格悲秋伤春"的观点。头天晚上，哪怕哭得再惨，天一亮，照样上个妆，当作什么也没发生，开开心心该干吗就干吗。

把伤春悲秋、等待爱情临幸的时间用在努力生活，把寂寞空虚冷的戏码用来沉淀自己，是真狠。

另一个助理更狠，这个 1994 年的姑娘根本不想谈恋爱。

她的生活称得上精彩。除了在我这儿做兼职，她还做影评人、参加各种读书会、玩插花和烘焙，还和登山爱好者翻山越岭。日子过得热闹、自由且独立，又不过分强势，能力足以和同行业男同胞们分庭抗礼。

她认为，恋爱是一件性价比极低的事儿，如果自己能把热情和精力全用在事业上，很快就能看到回报，谈恋爱就没准儿了，付出什么，付出多少，万一不能修成正果，到最后两手空空。

所以她决定要做个女强人，她的格言是"毕业两年内没有男朋友不丢脸，可如果两年内收入不过万，没有一张拿得出手的名片，才丢脸"。

今天的姑娘们似乎不再需要爱情，在她们眼里谈恋爱功能性又不强，男友可有可无。

她们不需要异性的嘘寒问暖。电影、书籍、旅行、游戏那么好玩儿，口红、包包自己有能力买，喝酒、聚餐、逛街有闺蜜，她们秉持着和异性吃个饭都轮流买单的公平心。

3

和她们相反的是那些拖泥带水，患得患失，整天多愁善感的女孩儿。

永远觉得男人对不起自己，又不知该如何去改进。谈恋爱时，情绪极度不稳，经常在关键时刻掉链子；吵架了，闹分手；委屈了，请假；分手了，寻死觅活……

"我是挂在屋角的风铃，你是风拨弄我的心情，常常是忧郁，偶尔是惊喜，你主宰而我随行，我是原地打转的风铃，连痛哭听起来也很抒情……"

被动卑微，反而给正常的恋爱关系带来压力，所有细微的不满、愤懑、纠结、茫然被无限地放大，陷入无助又悲催的错觉。

年轻时谁不是恋爱大过天，但有些人只是一瞬，有些人可能是一年，有些人却是一辈子。

感情会失去，也会失败，在这充满失去的人生里，我们要学会自省，培养纠错的能力。

哪怕一个人在路上，也要拥有洒脱的温柔，饱经世事的天真，搏杀后的善良和充满爱意的决绝。否则，生命就会出现许多混乱和不顺的事件，让你痛苦。这痛苦是来自灵魂的温柔提醒，想要从中看清自己的软弱。

永远不要把大量情绪消耗在伤春悲秋与担忧未来上；要有及时止损的杀伐决断，也要有吞咽痛苦的婉转迂回；要有百炼钢，也要有绕指柔；学会接纳生活的残缺和人性的破碎。

你自己，就已好过世上万千。

爱本无垠，全凭己心

1

身为女人，并不容易。

但这个尘世永远不会因为你是女人，就温柔以待。年轻时，挣钱和谈恋爱都不是丢人的事情，如果两者都想要，你就要比别人更拼一些。

"拼"这个东西，不用拼天赋，因为大多数人都很懒，你每天只要努力一点点，就能超越很多人，无论感情还是事业。

《欲望都市》里那 4 个闪闪发光的姑娘，平时看似只是泡泡吧，喝喝酒，和男人调情，和女人逛街……在香榭丽舍大道的车水马龙中蓦然回首，迎风而立时的黛眉红唇，就是标准成功女郎的模样。其实，她们也不是一开始就有钱有气质的。《VOGUE》杂志的专栏作家凯莉曾是一个不敢大声说话的乡下丫头，魅力四射的公关经理萨曼以前只是乡村酒吧的调酒师。她们用了 10 年时间，才沉淀出后来我们看到的样子。

所以那些看起来已过上了精致生活的人，在前半生和普通人并无不同，只是为了今天能把时光浪费在美好事物上，她们总会计算出在路上的代价，选择自己能承担的一种努力，毕竟一脚踏上去就容不得轻易辗转了。

2

在一段关系里，供需相配是指什么？

我想 W 的故事能告诉你答案。她毕业于重点大学，读书时，一个很优秀的男孩儿追求她，男孩儿阳光上进，两个人又有共同语言，便很快走在了一起。

直到他们谈婚论嫁，她才知道男友出身于权贵家庭，父亲是市领导，母亲是成功的商人，涉足商场多年，极其挑剔，所以他从未报备过这场恋情。

她倒没有什么，本来就不是贪财敛金的人，并没有觉得对方是在欺骗自己，也没觉得对方别有用心。反倒是男友妈妈听说她出身于清贫家庭，便和所有势利的女人一样认为她是奔着富贵来的，于是百般阻挠两人在一起，像极了《欢乐颂》里王百川的母亲："你高攀我的儿子，无非是图我们家的钱财。"

W并不是捞金妹，她不甘心付出两年的感情随风飘散，虽然男友信誓旦旦地说自己不会离开，但聪慧的她很清楚不受父母祝福的恋情迟早会出现问题。

挣扎求生十几年的经历让她深刻了解，自己的档次才是未来家庭的档次，提升自己才是获得幸福最可行的途径，努力是唯一的砝码。

她对男友说要考研，她知道这一点野心能为未来的人生砝码增加比重。

相爱的人的眼里自有深情，男友支持她的决定。

大四下半学期，她开始拼命复习，早起洗漱时都在听英语，晚间读书、做题一直到凌晨两三点，夜里孤独难挨，是为了迎接未来的曙光。研究生考试，她的成绩在系里遥遥领先，她以高分步入研究生学习生涯。

这时，男孩儿的母亲开始用正眼看她了，觉得她身上有一种普通女孩儿缺少的狠劲儿，觉得她至少有真才实学，便不再那么强烈反对了。

男友进入家族企业，待她研究生毕业后，求婚，后来与她结婚。很多人都为灰姑娘终于嫁给了王子而感到开心，只有她知道有一种天然的资本能超越门第，就是有能力选择，而不是被选择。

选择是什么？是女人的养生药。

3

那些得到幸福的女人，从来都不缺少研判对手的智慧、坚守底线的决心和对渣男杀伐决断的剽悍。

刚度过两周年结婚纪念日的 H 有点儿不开心，眼看在备孕的重要阶段，忽然有人挖墙脚，跑过来宣战："我才是最适合他的人，你让位吧。"

理由矫情动听，却本能地心虚，小姑娘本以为情敌是个黄脸婆，却不料 H 是个又美又厉害的角色。

H 比她老公大 5 岁。当年，从苦难里摸爬滚打出来的她以大女人的成熟果敢令老公虔诚膜拜。当然，热情饱满的小老公同样是她的依靠。

那个女孩儿说："瞧，你比他大那么多，会老得很快。"

她看着那个女孩儿说："我不会比你老得更快，因为我用得起 2000 块钱一瓶的眼霜，倒是你，来自地摊的裙子和口红太 low。要不，姐送你一套 Dior？"

看到对方的脸被气成猪肝色，H 心里的怒火一点点熄掉了，笑意和胜利的快感一点点向外迸发。

只有她自己知道，这份放肆和轻松是过去铆足劲儿工作挣来的。刚踏入职场，在公司前台，各种脏活儿累活儿都要干，除了接电话还要收发快递、拿外卖，看尽脸色，熬了好多年，终于成功跻身中层。

精神与经济双重独立的女人，难道还不如一个黄毛丫头？

爱本无垠，全凭己心。

一个内心强大、能力超群的女子，或许不一定能得到自己想得到的全部，但得到的，一定比想象的更好、更纯粹。

那种主宰命运的感觉真的很好。现在不再是女人扮柔弱的时代，生存和发展才是女人掌控命运的资本，它能令你勇往直前，得到生活的馈赠。

定义你的，从不是"女性"本身

1

金庸笔下的小女子，我最喜欢黄蓉。

她不仅"集天地灵气于一身"，还拥有"冰雪聪明艳绝天下"的主角光环，智慧贯穿了她的人生，运筹帷幄堪比兵法大家，与人交往，深知其心，且直击七寸。

她靠着聪明机变，从赵王府五大高手手中脱身；靠厨艺和激将法从洪七公处学来降龙十八掌；靠智慧在荒岛戏弄欧阳克，并从他手里逃生；在郭靖受伤的

7个昼夜里保证了他的安全；在轩辕台突袭杨康逆转形势；在铁枪庙借老毒物之手除掉小王爷；在大漠三擒老毒物……

因为她，郭靖成了一代武学宗师。

所以，很多金庸迷说："黄蓉，是金庸大手一挥，替老天颁给郭靖的好人奖。"

我的闺蜜更喜欢赵敏，说她仗着父亲的权势和自己的聪明才智毒明教，擒六派，用黑玉断续膏玩弄张无忌于股掌中，看破成昆图谋，推算出宋青书的杀叔真相……

赵敏是真的狠厉，比起黄蓉天性里带的几分孩子气，更多了几分缜密和腹黑。

她俩的共性是亦刚亦柔，亦拼命亦妥协。这分寸的拿捏，没有足够的智慧是办不到的。

但后来丐帮衰落，黄蓉直接因为是女性而背锅。那时的舆论，和商朝亡国时世人骂妲己"红颜祸水"，周朝亡国时世人怪褒姒"祸国殃民"是一样的。

毕竟丐帮在金庸小说体系中是一个重量级的帮派，不仅出了汪剑通、萧峰、洪七公这样的高手，而且参与了江湖的诸多纷争。从截杀萧远山到武林大会选举盟主，都离不开丐帮。

当年黄蓉从洪七公手里接下打狗棒，一是深得洪七公的欢心，二是洪七公有私心，认可靖儿的能力，加上蓉儿聪明，认为两人合体，没有什么好担心的。

有了江湖地位的黄蓉，后来因为私下交情荐了鲁有脚接任帮主。当年君山大会她和杨康争夺帮主之位时，鲁有脚第一个站出来支持她，这份恩情是绝不能忘记的。

鲁有脚很忠心、义气，但武功差了点儿，当年郭靖夫妇要守襄阳，不能顾其两全。

鲁有脚被暗杀后，黄蓉荐了耶律齐接任。此人是她的女婿，又是周伯通的弟子，虽不服众，但也可以勉强任之。

只是耶律齐内功不济，只学会了降龙十八掌的十五掌，最后还练得半瘫。

到了《倚天屠龙记》里，丐帮便不再参与武林中的主要事件，帮主不再是武林中的顶级高手。

所以，丐帮的衰落并不应该由黄蓉的性别来背锅，而是由帮派改制失败及帮主的私心造成的。

但黄蓉聪明，即使因性别背锅，她也不解不辩，任由大家议论。

2

随着社会的发展，性别变得更加回归到生理层面的本位，女性开始跨马征战，从里到外都显示了野心和不好欺负的一面，再也不是仅仅和男人挂钩了。

而且，某些时刻女性会因性别而占尽优势，尤其是年轻漂亮的女性。

记得《丑女在翻身》里有这样一个情节：汉娜整形成功后，开车时在街头追尾，原本骂骂咧咧的男司机一看到这么惊艳的女子，态度立刻180度转弯，将事故的责任全部推给另一个中年大妈。

这是从男性主流群体的角度默认女性在一定程度上是可以撒娇卖萌的，在同等问题的处理上，年轻漂亮的女人是可以占便宜的。

这一点，从兵法上来讲，好比诸葛亮的草船借箭。即使他这一招非君子所为，并不磊落，利用了灰色法则，但是兵不厌诈，如同女人运用性别优势借来东风，试图将这股东风实现利益最大化。

职场江湖，是人保值、增值最安全的场所。无论男女，把性别当成唯一优势，注定是最失败的一笔投资。

友情提醒：女人若用身体去换取利益，那是最低端的操作方式。因为它不仅透着性别设定的脆弱无奈和时代的现实，更成了性别之下立身处世的行为律令。

两性平等任重而道远，绝非一朝一夕就能实现的，所喜的是世间不乏改变的事例。

这些年，身边离异的女性朋友超出半数，婚内带娃、家务一担挑起的被嫌弃，事业做得好的也被嫌弃。

好在女人一旦离婚，竟一夕觉醒，个个争一口气。她们的人生开始有目标、有规划，会择友而交，绝不会为了八卦的友情耽误自己，绝不会为了男人再沉溺于情情爱爱中。

3

我的 IQ 并不高，低于 100，所以对高智商的同性一直有无限的崇拜与迷恋之情。这种女人通常头脑冷静、处事明智，能在最短的时间内以女性的敏感、心细，迅速地运用分析、推理、比对、归纳等方法计算出最优化的人生方案，达到利益的最大化。

身边总有一些出身平凡，但总能凭着良好的教育背景、女性的柔韧及旺盛的生命力顽强生长的女人。她们活成了成功人士。

比如小叶。

当她的先生还在贪图安逸时，她就将他硬推"下海"；自己两年内拿下 CPA 证书，挣了钱去买房。

为了避免时间花费在路途上，她决定买市内的学区房，但老公一直因离主干道太近担心晚间的噪声以及周边环境不良，而向往外环的幽静。

她已在 App 上查看了房屋的历史交易信息、该区人口组成、隶属学校评分，生猛地说了一句："买，性价比高。外环的房子也要买。"

老公大惊："公积金不允许这样。"

"那就商贷。"

"压力太大。"

"没有压力哪儿来的动力？"

转眼孩子顺利毕业，两套房子的价值已翻了又翻，以房养房，一家人的日子过得安稳起来。烟火世间，最不能抵挡的是一个人的聪明和坚强。

生活里的她也是如此。了解彼此情绪的对接点，忽略小伤痛，看清大方向，所以这些年即使丈夫偶有微词，却也禁不住她的善辩，家境随着她的决定一步步走向富裕。

某些时候，跳跃、感性、敏感、多情的女性思维会成为优势。

影片《20世纪女人》，在今天看来有着特殊意义。迈克·米尔斯通过他的独特视角，从女性角度切入生活百态，她们一起构成了令人又爱又恨的20世纪。

从某种意义上讲，朱莉更多体现了人们的虚无主义倾向，她的女性身份又为这种虚无增添了不少美感。

三位女性的人生，带着时代的烙印，也经历着生活的雾霾，虽不似"社会的狂飙奔跑着，以袭击的步伐推翻墙壁……唤醒在人们心里的精灵"。

杰米和朱莉对性别毫无保留的交流是影片中最唯美的场面。他们唤醒了内心深处的某些部分，探索着并试图确认。他们以普通人的、和自己年龄及感知相称的方式，与时代一同运转着。他们辗转于生活，有一种越品越丰饶的滋味。

繁华世界，不大不小。

也许，你的心底常驻一个无性别的灵魂，它让你摒弃自己的性别，从更高层次审视自己，让繁杂的生活重回有序时，你能看清世间颜色，让野心接受成长，让自己坦然接受悲欢离合。

他都单身了，还是不娶你

1

李碧华笔下的小青有这样一段独白："我看见他，向着月明星稀的夜空，忍不住暗暗得意地笑了。一个一无所有的人，一下子什么都有了。"

这个"他"是许仙，一边发誓永不背叛娘子，一边被小青勾着跑。

聪明若李碧华，参透人间情爱，整个故事无非传递了这样一段话：每个男人，都希望自己一生中有两个女人——白蛇和青蛇，希望她们能够点缀自己荒芜的命运。

当他得到白蛇时，她就成了渐渐燃尽的草灰，而青蛇则成了青翠的樟树叶子，就像张爱玲笔下的"红玫瑰和蚊子血""白月光和饭粒子"。即使扶了正，也依然是个输家，而有的姑娘连扶正的机会都没有。

小维是在朋友聚会上认识大李的。

那天散场时，小维有些喝高了，大李负责送她回去。路上，二人加了微信，一来二去便联系上了。

大李很主动地追求起小维来。

青春韶华，有人追求总是很开心的，情深时小维才知道他是已婚人士，但好像自己再也离不开他了。气不过就分了，坚决不理大李，但耐不住他的痴缠傻缠，小维一次次败下阵来。

大李像哄孩子一样许诺小维，自己会和妻子离婚："我们感情不好，早已分床睡了，要不是孩子，早就离了。"

时光就像一阵风，吹过了一个又一个春秋，但它绝不会停留在某处，给小维怀念的机会。

转眼3年过去了，她发现他越来越少提离婚的话题，偶尔提起这个话题，他都显得非常不耐烦。对于这份感情，小维不知该怎么办才好。

她看不透男人的欲望激烈又短暂，肉体得到满足后，欲望很快便会消失，而她在产生爱情之后则变成他的囚徒，然后用好长一段时间来面对事实，承认自己不再被爱。

有一天，小维偶然从他的哥们儿那儿得知他已经离婚的消息，然而他却没有告诉自己，摆明没有要娶自己的意思。小维心里难过极了，又不想撕破最后的脸面去问他，就跑过来问我："他都离婚了，为什么还不愿意娶我？"

这是前几天我在后台收到的问题，一个未婚女孩儿爱上已婚男的疑问。

初入情网的女孩儿总是不懂世间险恶，只知道向往真爱，渴望得到真爱，太容易在迫切的愿望中重重跌倒。

2

我想起《谈判官》里的夏杉杉。

她是个爽朗阳光的女孩儿，爱上了大自己 20 岁的齐如海，可谓"夜月一帘幽梦，春风十里柔情"，可惜这个精明的谈判官在爱情面前犯了糊涂。

为了爱，她义无反顾地放弃了工作，却低估了男性的复杂程度，忽略了"男性本身就是具有掠夺性的动物"这一概念。虽然齐如海对她百般疼爱，但一提结婚，就各种推辞，要么送礼物，要么就是承诺等下一笔生意谈成。

她怀孕了，以为老齐至少会为了孩子和自己结婚。但商人，逐利；男人，善变。他没有如她所愿，她最后的希望破灭了，她决定和他彻底断绝关系，但早已习惯了爱与依赖的女人，是再也回不到过去的。

她也曾搬出去独立，拒绝和他见面，但在生活的打击和经济的压力下选择回头。她似乎成熟了，不再无理取闹地要爱、要名分、要婚姻、要尊严，但结局竟然很惨——她黯然离世。

剧里，老齐虽然说因惧怕前妻的家族势力而不敢再婚，其实说到底还是自私，一个男人对女人的热爱远不及对事业的热情来得多。

何况对于那些出轨的男人而言，离婚是他们最不想选择的一种结果，如果真走到那一步，他们心里会藏着对原配的愧疚和对情人的不满。

离又怎样？反正我不想和你结婚。在一场战争中彼此见过不堪的一面，所有的美好在无尽的消耗中消失，我怎能娶一个破坏了自己婚姻的女人呢？

3

离婚的原因有千万种：婆媳不合、性格不合、双方家族不合、身体原因……但最让人鄙夷的是背叛。

它代表对家庭的不忠、人品的污点、对外人的嘲弄以及对妻儿的恨。

出轨的男人并非是十恶不赦的，相反在外人眼里他很可能是个好人，但因为一时的意志力薄弱与无法控制的荷尔蒙而犯错，他未必想放弃这个家庭。

老戏骨李立群素来以春风化雨、笑口常开的形象示人，谁料日前竟在节目中"痛骂"徐志摩："你离婚再娶就是用情不专的证明！"

这句话本是出自梁启超之口，只是李立群在《见字如面》的节目中当众宣读了梁启超致徐志摩、陆小曼的证婚词。

总之，对于老派的他来说，这是不能容忍的事。

在小说和戏曲中知名度特别高的陈世美，干得很彻底，不但忘了家乡有妻有子，妻、子来了，他还想方设法将他们赶尽杀绝，结果被包公怒铡。这种忘恩负义的男人，自是得到了应有的下场，只是围观的后人是否像看到自己痴恋的情人被收拾了那样大快人心？

别忘了，哪怕过了这么久，天下大多数人仍是不能接受背叛婚姻、离婚再娶的男人，当然对女人也是如此。

4

据统计，在所有出轨导致的离婚事件中，只有3%的男人离婚后娶了第三者。而这其中，绝大多数还是被逼的，也就是说出轨的男人有很多并不打算跟原配离婚。

为什么？

无非有几个原因：

一、对家庭仍有感情。大多数男人背叛对方，并不是因为妻子不好，而是因为自己耐不住婚内寂寞，平时和妻子相处如左手配右手，真要离开对方其实舍不得。

二、中年男人大多三观成熟，很要面子的，受不了抛妻弃子时被外界指点讥笑。

三、财产分割，亲情破碎。大多家业都是夫妻二人白手起家，共同打拼的，如果一方犯了错误，离婚时，财产一定会被另一方分割。而且离婚后，通常孩子会归非过错方抚养，过错方和孩子之间的亲情恐怕就会越来越淡了。

四、再婚需要成本。大投入小收入，换一个人还是过原来的日子，他会掂量得很清楚。

男人很精明，权衡利弊后不轻易主动离婚，除非夫妻双方感情极其恶劣，对第三者动了真情，或者妻子真的不好，或者妻子在男人无过错时主动提出离婚。最后一种情况在现实生活中应该很少见，毕竟一般情况下男人不犯错，女人很少放弃婚姻。

那些彼此成全的夫妻，不外乎愿意承担一些委屈，互相留面子，避开雷区，适可而止。但很多小姑娘不明白，他出轨，并不代表爱你，他可能是需要一个新鲜的人来度过婚姻的某一平淡期。如果你想在一场不道德的游戏里通过倾诉委屈、抱怨来博取同情，就大错特错了。

大多数已婚男已修炼成精，各种套路与抽离、卑劣与私心令你防不胜防，他们凭借已有的人生经验和你谈恋爱，注定不公平。

作家晚睡也说过，外遇只不过是男人生活的一种调剂品，一旦和婚姻有了冲突，他就会缩回去。

所以，姑娘，永远不要试图摘月，你要让月亮奔你而来。

无论一个已婚男人多么爱你，你都该告诉他："单身，你才有追求我的资格。"

否则，人生那么短，你将所有精力放在渣男身上，多浪费光阴哪。

辑二

在薄情的世界里，

深情地活着

你的独立，就是底气

至情至性的女子不沧桑

1

说真的，那天万茜一出场我就被震到了。

她在某节目里挑战了两个角色——一老一少，一喜一悲，这是表演跨度特别大的两个人物。

素秋是一个有些娇羞又有点儿泼辣的女生，整个节奏给人的感觉是活泼、喜悦。相反，阿婆是一位年迈的老者，她祈求警察不要追查"假药"，因为真药价格太贵，已经吃不起了，只有所谓的"假药"才能救自己的命。她说"我想活着"时，嘴角抽搐，喉头哽咽，声音颤抖，哪怕画面被切成了双屏，只是听声音，也不会出戏。

王刚给万茜的评价是"神来"。他解释说，秘诀是对比。

最后声音大秀，她分到了《灰姑娘》里的崔西里亚，有人为她不平，说大姐的戏份儿太少，她没有足够的空间发挥，不公平。遗憾的是，最终她与"声音之王"失之交臂。

自从2002年踏入影视圈，一转眼，万茜已入行17年了。

她的侧颜很惊艳，她属于耐看型，她的美是介于纯真烂漫的少女和举止端庄的大青衣之间的。那种文艺、压抑的性感，正是娱乐圈里稀缺的。

印象最深的是她扮演的柳如是，有一个片段是官兵来她的住处抓犯人。

她将嫌犯藏在了自己的卧室，官兵要强行进来搜的时候，柳如是穿着内衫，斜倚门框，手握一支毛笔，眼波流转的片刻，素手一挥，一朵梅花跃然衣襟，官兵们顿时控制不住了，哪还敢进屋？

因没有恋情炒作，没有人设形象，虽然作品很多，但她在流量当道的娱乐圈里就是"戏红人不红"。

耐得住消磨，耐得住寂寞，是她练就的本事。

这浮世，日日声色犬马，处处影像纷繁，若你欲念横生，抬眼一顾，东有繁华西有景，外面的是非功利总会慢慢渗透内心。

所幸，在这个被浮躁和焦虑裹挟的时代，混迹在声色犬马的影视圈里，她顶着一张无缘偶像生涯的脸，又怀着一颗懒得折腾的心，恬淡地活着。有戏时她用一部部作品踏实地走这条路，没戏拍时顺便把吉他、画画儿、古筝学了个遍。她从没让纷繁复杂的娱乐圈干扰到自己平静的小日子。

知乎上有这样一个问题："作为一名不红的演员是种什么样的体验？"

她还特别认真地进行了回复：

"随意素颜逛街吃脏串，抠脚剔牙也不会被偷拍；在家可以不用拉窗帘，就算被偷拍人家也不会发，因为不红，没有点击量；一个月不发微博，也没有经纪人催着发微博自拍卖萌；吃饭可以不用抢着买单，蹭饭不脸红……

"其实说这么多，无非就是自由，是拥有隐私，是可以最大化接近人群和观察生活的百态。

"尤其年岁渐长，沉淀得越来越厚实，对生活的理解越来越深，做过演员才知道，这些都是财富，都是加持在我们身上的具有厚重感的东西，是我们在塑造角色时必不可少的东西……

"总之，红有红的好处，不红，生活和时间就是我的财富。"

2

另一个不想红的女人是蒋勤勤。

再见她，是在《海上牧云记》中，剧里 42 岁的她所扮演的南枯皇后，又一次惊艳了我。清清浅浅的记忆里，她似乎还是当年那个"轻柔似水，灵气逼人"的琼瑶女子水灵，在戏中演尽爱恨情仇，尝遍酸甜苦辣。

因为她的美，很多人忽略了她的演技，其实她早期的影视剧，练霓裳、玉娇龙、沈心慈、穆念慈……角色没有重复，演谁像谁。

在"如何评价蒋勤勤的演技"这一问题上，有一个答案比较引人注目："艺如其貌，陌上罗敷，不作、不妖，不作妖。表现无迹可寻，如羚羊挂角。"

的确，在《还珠格格 3》中，她抱着琵琶出场，美艳动人，令周围所有人黯然失色，举手投足间、眼波流转处，始终一副静笃的模样，显得与众不同。

她说自己并不适合演艺圈里的热闹，调侃自己是个异类，并慢慢远离那份热闹。

经纪人说："蒋勤勤就是不想红的那种演员。"

不想红，是因为她知道演戏只是一个谋生手段，只要自己有能力平稳地过下去，红不红，红多久，又有什么关系呢？

一部《乔家大院》将陈建斌带到她的身边，恋爱、结婚、生子，七八年的时间，她消失于银幕，专注于家庭。

她知道女人能否过上想要的生活，并不取决于身边的男人，而是取决于自己。她安心在家里待着，温柔又有力量，是一家人的定海神针。

息影多年的她在陈建斌转行做导演时，在他的电影《一个勺子》里出演一个土得不能再土的农村妇女。

很多人质疑陈建斌的转型，她却表示信任、支持，完全相信他的鉴赏力与审美认知。果然，凭借这部电影，陈建斌获得了第51届金马奖的三个奖项。

除了支持陈建斌，蒋勤勤并没有忘记自己。她爱看书，无论短篇还是名人传记，她喜欢各种小众的电影；

有时间了，她跑到景德镇喝杯茶，欣赏陶艺，去野外郊游，和家人一起去农村；怀念家乡的美食时，她就戴上眼镜装成路人去吃路边摊。

她享受那份慢生活的惬意舒缓，却并未放弃修炼自己。除了读书，她还一直坚持健身，直到再度复出，依然美得不可方物。

岁月看似无情，却是沉淀一个人最好的过程。那份沉淀会让你永远热爱生活，成为一种不放弃、无坚不摧、永追幸福的力量象征。

3

至情至性的女子，不会轻负光阴。

但很多女性误解了"至情至性"的意义，认为只要随心所欲就行，那是自私。真性情是不作、率性，但是又有卓绝的品性。

刘湾有诗："至性教不及，因天心所资。"王安石亦云："黄菊有至性，孤芳犯群威。"意思是说真性情的人多感易悲，其情若水，又上善唯美，皆因性情若兰，才会清高孤绝。

也有人说:"花繁柳密处,拨得开,才是手段;风狂雨急时,立得定,方见脚跟。"

同样的世界与生活,有人在灯红酒绿中起舞;有人在无限的物欲中前行,失掉信心,丢了自我,怕没爱、怕老、怕遗憾、怕失去,依附时没有安全感,付出了内心又不平衡。

只有守护好内心,才能向死而生地走下去,那种醍醐灌顶般的感悟告诉自己——可以成全,却不依附;可以俯身,却要保持人格独立;珍视情爱,却不惧情变;疼爱老公、孩子,也不曾弄丢自己。

"人生天地间,忽如远行客。"我们从薄雾晨晓走到夜晚月霁,带着勇气和决心,带着坚强和从容,无论何种角色,始终能够游刃有余地扮演好。

没爱时，委屈灵魂；没钱了，折磨肉身

1

闺蜜聚会，是一件特别有氛围的事儿，易嗨，更易高潮。

女人之间各种插科打诨，聊你腰间的赘肉、调侃我的胸部下垂，互相拍照，吐槽各自老公的鼾声及糗事，声讨孩子的小叛逆，顺便再秀一下恩爱，逍遥又满足。

大家的状态有点儿像《绝望的主妇》里那几个女人，无论生活中有多少牵绊，都会在某一刻放下，共同拥有一段默契的打牌时光。

这不，在我们新一轮的聚会中，艾米成了焦点。她刚从日本飞回来，带着老妈、老爸、女儿，老中幼三代奢侈了一把。

看她的朋友圈得知她前一刻在奈良喂小鹿、喝清酒，后一刻又跑到金泽江户喝茶吃美食、名古屋赏花、大阪观看和服表演，这些远比她带回的几摞面膜过瘾。

小 C 问她："你选的经济型线路吧?"

她说："我才舍不得一家老小和我受委屈，全程头等舱机票、境外五星级酒店，能去看的风景都去看了，能体验的游戏都体验了，一周下来花了小 10 万块。"

我们都知道她有这个能力。

她的先生就职于铁路集团，高职高薪。但艾米强调"全程花的全是老娘自己挣的钱，用起来爽且自由"。

当年如果她不工作，同样可以养尊处优，但艾米不愿闲着，借助先生的一些社会关系，代理了建筑物外涂层墙漆。加上她嘴甜心活，接了不少单子，久了，积累了很多人脉，有了更多的渠道和资源，再加上活儿干得细致，总有一些回头客，她会把干不完的活儿分包出去，挣了不少钱。

我问过她为什么这么拼。

她说："为了老妈老爸。"

"首先，我不必为了带他们去高档餐厅尝鲜而回来向老公交代，也不必在节日时送高档礼物而向老公解释半天，更不会在他们有不时之需时掏不出这笔钱。父母生了我，又养了我，他们节俭了一辈子，如果不是我，这辈子他们都舍不得出国游，现在我只希望自己赚钱的速度能赶得上他们衰老的速度。

"其次，为了得到应有的尊重。老公一直很爱我，但过去总感觉他像宠小猫小狗一样宠我。而现在则多了一份平等，有时他在工作上遇到什么瓶颈和阻力，也会和我交流。家里的大事小事都交给我处理，他相信我有这个能力。

"最后，还有美。经济不独立的女人可能没资格谈孝顺、谈尊重，更没有资格谈美。"

"有钱就能变美吗？"

"当然。年轻时我们可以依仗满脸的胶原蛋白偷懒，用廉价的护肤品，而随着年龄的增长，胶原蛋白逐渐流失，没钱买高档化妆品，没钱练瑜伽，没钱请私人教练，那么再先天的美，也只会落得衰败。"

我环顾4个女人，其他人各带倦色，只有刚从健身房过来的她满面春风，原本平淡的五官也有了女人味。一个女人能将原有的中人之姿养得越来越美，也算是一种能力吧。

女神凯瑟琳·赫本说过一句经典的话："女人啊，如果你可以在金钱和性感之间做出选择，那就选金钱吧。当你年老时，金钱将令你性感。"

很多时候，我们追求的不是物质本身，而是物质背后的自由。

2

那天，我和姐姐一起逛街。

在某专柜偶遇了姐姐的好友周姐，看她摸着一件双面绒羊毛大衣爱不释手，试了又试，我看那件大衣的款式、颜色很符合她的气质，便建议她买下来。

周姐翻了一下吊牌：3000 元。打 8.5 折，2000 多块。她吐了下舌头说"太贵"，又将大衣放下了。

"姐姐，您开玩笑吧?"谁不知道她家开着全市最大的大理石厂，市内的广场、公园、街道用的很多材料都出自她家的厂子。再说了，这样的价格就连普通工薪女性也承受得起，要知道她家先生可是穿名牌、开奔驰的呀。

姐拍拍我的手，示意我不要再问下去。

原来，她一直待在家里做主妇，除了一定的生活费，她手里并无太多闲钱。她年轻时也为财权闹过，先生却说："你吃好喝好，要那么多钱干什么？"

这些年，她看起来像个阔太太，却过着最节俭的生活，每天要么做家务，要么去菜市场买菜。买衣服要伸手，买化妆品要伸手，买个包也要伸手，伸手多了，婆婆就会说"在家里怎么花那么多钱？男人挣钱不容易"。时间久了，她便什么也不买了。

在家庭体系里，最初她崇尚温良贤恭，却在社会价值体系里沦为弱者，且毫无招架之力。当能力的天平发生倾斜时，她只能任人宰割，一无所有。

我发现，身边很多女性朋友活得又美又精彩，大多因为有挣钱的能力。

有一个词叫"相由薪生"。

这个时代，女人从不掩饰对美的渴望，又不得不承认，想要变美，好的面霜、眼霜、面膜都要有，还要有一张能任性刷的卡。

美好无止境，举头星眼璨眉，低头锦衣玉食，闻起来都有钱的味道。

3

一直很羡慕一位将家搬到云南的同行，这些年她在洱海边的房子里写作，在格桑花道上跑步，想想就觉得舒心。

却记得她也曾在冰火两重天的都市里拼命，才换回如今的岁月静好。现在，她依然给各种专栏写稿到半夜，来换取白日的闲散自由。墨菲定律无处不在，能经营好自己的女人大都是狠角色。

她曾给我看过她 18 岁时的照片，刚走出小镇的姑娘，纯朴中带着乡土气，而现在的她自带气场，一件简单的粗麻布衣也能穿出味道与范儿。

在尽心维持的美的背后，藏着健身时的自律、读书时的养心、节食时的克制，以及口红、乳霜、眼霜等高价护肤品的堆积。

所以，成熟女人拼的往往是后天美，而想要后天美，你就必须有钱。

金钱或许不是人生追求的终极意义，但我们有很多理想却要依靠金钱来实现。网上就有个段子这么说——假如失恋，有钱的姑娘可以立刻买张机票出国，去日本哭，去巴黎悲伤，去英国回忆过去，晚上躺在海景房里放松情绪，实在睡不着，就到观景大露台上看夜景。

在外疯一圈，回来也就将那段旧恋情忘得差不多了，然后重新生活。

那些没钱的姑娘呢，顶多买点儿鸡爪、鸭脖，外加几瓶生啤坐在路边哭，隔天可能还会忍不住回头找那个男人。在可控的人生里，自己依旧汲汲营营，心无定所。

前者，越活越精神；后者，越活越没劲。

终日浑浑噩噩，没有目标和方向，成了都市里的空心人。

救赎只有一种，去挣钱啊，它足以让你应对日常生活，让你不慌张。

那些早早实现了财务自由的女人为何停不下来？因为工作对她们而言是一剂青春良药，全身心投入自己喜欢的工作中，自然迸发出的激情足以灌溉生命，令自己茁壮成长，"人最需要的是自己需要"。

所以，别在最好的年纪里哭穷、偷懒、怨天怨地，更别沉浸在男人给的温柔乡里不思进取。

生活一向厚此薄彼，与其后悔，不如辛苦。

离婚是万能解药？做梦

1

有人说："夫妻关系，是天底下最薄弱的一种关系，生杀都有万千理由。可也是天底下最厚重的情感，两人共赴最长最深的人生。"

所以，婚姻不幸，从来不是一个人的错。

和恋爱不一样，它需要通力合作，两个人朝着共同的目标携手前行，一起解决内忧外患，一起共度漫长的岁月，担负组成家庭的责任，然后走向自我完满的平静流域。

猫扑上有个帖子：我，女性，36 岁，有过三段婚姻，第四段也摇摇欲坠，身陷两难境地。

帖子很长，精选呈下：

第一段婚姻，仅维持 3 个月，因为婆婆强势，老公不敢反抗，我受尽委屈，父母心疼独生女儿，大手一挥，离婚。短暂的婚姻并没有影响我的第二段情感。依然容貌姣好、家世优越的我顺利再婚，对方比我小两岁，有了孩子后，他依然贪玩儿，娇生惯养的我无法承担一个主妇的责任，矛盾丛生，最后孩子归我，我和他一拍两散。

第三次重组家庭，因为我带一个孩子，所以带来了各种弊端。有一天，我找东西时翻开了壁橱角落，发现了他的私房钱，忽然觉得这是莫大的讽刺，离婚时他也是各种算计、计较，让我气极反笑。

第四段婚姻，几乎重复了前三段婚姻的所有弊端，我在挣扎、在煎熬……

婆媳关系、情感障碍、子女教育、重组矛盾，几乎每段婚姻里都有过不去的坎儿，但回头看看，那些真不算什么事儿。

虽说我们有权结束不幸福的关系，但离婚不是万能的。这一次不吸取经验、教训，在下一次的围城里，依然会遇见此类问题。

两性关系的维系如此艰难，我想个中缘由是，虽然旧伦理已退场，但女性在自立自强后，格局和视野仍囿于以男性的生活为中心，只是霸道总裁要日理万机，隔壁居家男人又没真本事。

幸福又不是"男人怎样做，女人才能好"，而是自己放下对抗，丢掉执念，自然而然地得到想要的圆满。

如果她能在第一段婚姻里学会如何与长辈相处，不被父母意见左右，在第二段婚姻里学着担当，在第三段婚姻里试着宽容和隐忍，在第四段婚姻里学会总结经验，也不至于节节败退，灰头土脸。

2

悲情女主，非你我本心。

每次听那些女性向我倾诉"老公对我不好，跟父母关系紧张，被孩子拖累，职场迷茫"时，我都很心疼，无论做妻子、女儿，还是母亲，随着另一方的不配合，所有的温情都会渐渐消失殆尽，从而使自己单方面坠入地狱。

不怕你在围城里饮鸩止渴，最担心琐碎扼杀了你的自尊，禁锢了你的手脚，取缔了你的所有快乐，继而导致你冲动离婚，说出"宁可草率，也不辜负自己"的狂言。

并不是所有抽刀断水都能让人重获幸福；同样，也不是所有滞留围城、受到伤害的女性都觉得委屈。

那天，看到报道，说谢杏芳创立的"杜芬"品牌短短一年成了母婴行业的一匹黑马，她因此荣获了"新锐体育企业家"的称号。想当初，有人质问她为什么不离婚。似乎不这样，就称不上快意恩仇。

其实，优秀的女性大多成熟。她们的精神世界丰富、价值观稳定，比起藤蔓般软弱、依赖男人又受不得委屈的女性，她们更加狠辣老道。

她们眼里，永远没有完美的婚姻和毫无瑕疵的夫妻关系，只有一路摸索的经营。在一起，能与你同气连枝；离开你，同样能安身立命。

有一期《亲爱的客栈》的嘉宾是结婚7年的陈龙和章龄之。他们很甜，但相处另类，陈龙喜欢"怼"自己老婆，无时无刻。

小女人向往浪漫，想和老公共用一条浴巾，却被不

解风情的直男打破氛围；想听他絮叨深情，却被无情地
"怼"回去……

章龄之向刘涛抱怨自己常被老公嫌弃，刘涛一语道
破天机，男人这是在展示他的个人魅力。

两个女人在暖房里促膝而谈。章坦言，一个月前他
们之间发生了很大的矛盾，吵得激烈，甚至快到了动手
的地步，好在都过去了。

原来，剥开那些光鲜的外衣，婚姻指不定装了多少
委屈，只不过有人放大了，有人化解了。

刘涛也谈了一个细节，早起洗脸，男人从身后抱住
她，不说话，就那样抱着，和小羊一样。那个瞬间，她
觉得特别温暖、特别感动，因为感受到他需要自己，只
是男人习惯了不说。

不得不说，她深谙夫妻相处之道。虽然在聚光灯
下他们有矛盾与冷战，但在平时相濡以沫的生活中明
白对方需要理解与支持，然后就给予对方包容和
忍耐。

他们将包容融入日常，变成温暖，成了自然的回馈，
而陈龙夫妇将深情藏在你闹、我宠，"怼"和"被怼"
里，变成甜蜜。

虽然婚姻的好坏不能凭借片段窥得全貌，但荧屏影

像折射了普通人的日常生活，而剧中情节更是从现实中萃取的精华。

3

现代社会，主张启迪女性智慧，促进女性灵魂觉醒，提倡女人做自己，充分提高了女性的自我价值感。

这段话的初衷并不是想要把女人发展成女权主义者。

更不想让女人变成一言不合就动手，吵架只怪对方，不仅在两性关系里占尽便宜，而且永远理直气壮的样子："女人就要做小公主。""找男人必须有钱。""她老公都出轨了，她还不离婚。"……这些女人甚至鄙视和自己意见相左的同性，嘴边永远挂着"过不下去就离婚呗"这句话。

但离婚从来不是万能解药，可能是慢性毒药。

美剧《人人都爱雷蒙德》很贴近生活。

男主角很像中国男人，被妈妈照顾得太好，所以懒散，总是逃避家务。妻子黛布拉则希望他分担家务，照顾孩子。所以，他下班后宁可待在办公室，也不愿意回家，两人常因琐事闹矛盾。

某天，他刚下班回家，妻子就让他在陪女儿做作业和给儿子洗澡中做选择。他不假思索地选择给儿子洗澡。比较两者的难度后，他又改了主意："我还是陪女儿做作业吧。"

陪娃写作业已被列入比出轨、家暴更难容忍的事的名单中，全世界都一样。面对女儿的作业，他几乎崩溃，老师居然要求学生制作一个全球海洋系统的模型。

听到他的抱怨，妻子冷笑道："这种事我都做了几百万次了。"

弹幕中，观众一致认为，他们居然没有离婚，绝对是真爱。

这个聪明的女人虽然总被气到无语，但仍耐着性子接纳他的缺点。这是因为她知道他有责任感，深爱自己和孩子，又善于承认错误，所以缺点可以忽略不计。

十季的美剧婚姻，是一场漫长的战斗，是一个不断妥协的过程。无数次认为只有离婚才能解决的问题，到最后都被妥善化解。

一如生活中那些在婚姻里从未彻底消除矛盾的两个人，悲喜交加地被生活推着继续向前。

4

任何成功都不能弥补婚姻失败带来的伤害，没有谁会在关系解体中成为赢家。离婚，多数情况下会给彼此留下无尽的伤痛和心灵深处难以抹去的阴影。

因信任崩塌、希望破灭而离婚的男女，对爱的渴望、对人的信任、对未来的憧憬都会大打折扣。

聪慧的人能在两性关系里看透自己内在的缺陷，他不是企图改变别人，而是看到自己需要改变、成长的地方。

看透自己内在缺陷的能力，只与自己有关，内在圆融，外表一定圆满。

蠢女人才感叹青春太短，生命太长

1

我知道，相对金钱观来说，现代女性更喜欢谈论感情，因为后者话题极多，能带来最迅速和最直接的快感。

但喜欢谈论爱情的女人未必是喜欢爱情本身，不过是双商不够时，情感被拿来凑数而已。

张爱玲讲过自己生平第一次赚钱的经历。

那时她念中学，画的一张漫画被报纸选用了，领来酬劳后，她母亲觉得应该留下钞票作为纪念，但她不以为然，立刻跑去买了一支小号的丹琪口红。后人也可能认为她是个贪图享乐和败金的女人，非也，事实上，是因为她认为，金钱的本质是一种能量，能买到各种自己想要的东西。

至于男人，她并不需要他们的钱，她只需要爱。因为男人和爱情来了又去，日子要靠自己一天天踏踏实实地过。

2

女人贵在自知，更贵在自持。

年少时，别人怎么看你并不重要，重要的是你如何看待自己的能力与未来。

前两天，自媒体大 V Abby 在微信上转发一条链接给我。

那是某售房平台的交易分析数据，我发现女性买房者竟占了 47.9%，还是在没有接受伴侣资助的情况下。

她说，这些女性热衷于买房，买的不是房，而是安全感。

在自媒体的圈子里，这几年崛起很多月入百万的作者。Abby 算是其中一个。这个身边围绕着 4 个全职助理，拥有百万粉丝的女人，每月仅电商流水就已破千万，她的文章传播力超过了一半以上的公众号。

谁能想到她在五六年前还是个写作"小白"呢。

当年在外企工作时，她爱上了一位日本男同事，被爱冲昏了头脑的她看不见父母不舍的眼泪，只看到男友描述的异国的浪漫，于是她义无反顾，辞职随他去了日本。

她克服了语言不通的障碍，却克服不了生活上的差异。蜜月刚过，老公就一本正经地和她清算日常花销，并要求她以后担负自己的零用钱。她睁大了眼睛："Why？我是你老婆呀！"

老公说："老婆怎么了？在日本，女人都出去工作了，你还想待在家里做全职主妇？"

说不想做全职主妇是假的，那时的她根本没做好心理准备及风险预备，自认为是在追求小日子的浪漫，现实却像一浪高过一浪的江水一样逼过来。

倔强的她开始在朋友圈做海外代购，兼职做中文家教，但赚的钱很少。每天深夜，她躺在床上能想出一千种赚钱方式，但因为那些方式都不太现实，太阳出来前就已烟消云散了。

悲愤之余，她将遭遇情真意切地发表在某贴吧上，数日后发现自己的帖子被精华置顶，还被群主特邀发帖，这时她才记起自己在大学里也曾是论坛高手。

她开始静下心来写国外不同的人文风景，自己的婚姻遭遇、情感诉求，很快就因为经历真实、用情深切而引来同等境遇的女网友的推崇，又恰逢自媒体的红利期，她的事业发展得很快。这时她才明白，很多借口和理由，都是女人用来掩饰自己的软弱和无能的，勇敢和坚持，才是活在这个世界上的正确方式。

个中心酸与困难，唯有自己才能体味。

3

我曾被新浪微博邀请回答"女性是否经济独立了就会获得思想独立"这个问题。

坦白讲，我觉得两者并没有一定的先后顺序，它们血肉相连，交替上升，互为因果和补充，在追求经济独立的过程中，一个人的思想自然而然会越发独立和成熟。

反之亦然。

只有那些收入低的女人，才喜欢把用不完的精力和时间消耗在逞一时的口舌之快上，抢占自己定义的"道德制高点"。

这么做并不能为她们赚取现金或在职场上开疆拓土，但她们热衷于贩卖自己为人妻母的身份，不过是因为在现实生活中个人能力不济，在单位和家庭中都没有经济实力和话语权，女德优越感成了她们唯一低成本的情绪消费。

这种人除了热衷于"投资自我性魅力"，有一颗想通过男人实现阶层跃升的心，更喜欢打压那些能赚会花，并早早开始规划人生，使自己的路越走越宽，不打算也无须从男人手里和婚姻中讨钱花的同性。却想不到在未来某个阶段，自己可能要为一份稳定的生活付出尊严、委屈和泪水。

近几年，有很多年轻人向往村野耕田的生活，更羡慕素人博主李子柒日出暮归的神仙生活。

但你心之所向的，不过是他们换了一种努力方式而已。

李子柒早年生活很苦，父母早亡，她由爷爷奶奶带大，当过服务员，也做过夜场 DJ。后来爷爷去世，奶奶年事渐高，攒了些钱的她便回到乡下陪伴老人家。

脱离了灯红酒绿，种菜、逗狗、养花，成了她的日常生活，这种恬淡富足是她笔耕不辍换来的。她不仅是微博签约的博主，而且单是视频在全网的播放量就达到

1300 万次以上，话题阅读量达到数亿人次，她的活跃程度早早超越了第一网红 papi 酱。

在这个时代，真正美好的人，哪个不是年轻时埋头苦干，积累经验，丰富头脑，最终拥有遇山开山、遇河渡河的力量的？

萨冈说过一段很有名的话："所有漂泊的人生都梦想着平静、童年、杜鹃花，正如所有平静的人生都幻想伏特加、乐队和醉生梦死。"

但生活随便伸出一根手指头，就能戳破你的幻想，而现实的残酷分分钟就能将美好和安宁打回原形。

没钱，哪有能力谈梦想。

我们对"成功"或"幸福"，都有一种心照不宣的定义："成功"或"幸福"，就是有选择的能力。

眼睁睁地看着很多人跑了又摔，哭了又笑，半生获取的财富或权力，可能一夕倾覆。所有人都在争与抢，却从未想过最后这些对手都不见了，最终的对手，其实是自己。

4

蠢女人总感叹青春太短，生命太长。

成熟女性通常对自己的女性身份、对欲望、对情绪保持绝对的真实，从这份真实中源源不断地获取勇气和能量。

因为青春再精彩，也就那么几年，剩下的人生拼的全是智慧。否则只能活得苦大仇深，拘谨又紧绷。

多赚点儿钱，才能轻松地生活，才能更从容地爱自己和身边的人。

再喜欢，也要学会放手呀

1

"头发甩甩，大步地走开，不怜悯心底小小悲哀。"听着这首老歌，我仿佛看到多年前穿着阔腿裤的萧亚轩在电视上飒飒生风的样子。

爱时，坦荡；离开，潇洒。

顶多去微博上踩个脚印儿："最强壮的心脏拥有最多的伤疤。"那份洒脱，从她在《康熙来了》上分享的撩汉秘籍就能看出："一定要出门认识新朋友；放下无谓的矜持；要选对地点遇到爱；认清事实，他其实没有那么喜欢你；不要时时刻刻黏着对方；适时转移注意力；坚守爱情原则，不要冲昏头；不爱了也没有关系，当中有爱过就好……"

多少女生为了挽留男人而做蠢事，流尽眼泪，还卑微地跑去问对方："我对你那么好，你为什么还是不爱我？"

那种好就像不断收紧的绳子，而你放低姿态，只会离他更远。

日本有个说法叫作"一期一会"，是由日本茶道发展过来的，指人在一生中只能和某些人见一次，因此要以最好的方式对待对方。

初见总美好，再见易生隙。从时间的流变而言，今日我已非昨日我，对方又何尝不是如此？

世间一切，皆会变动。

互相喜欢的两个人，在一起后发现对方其实并不适合自己，最后先离开的可能是当初先苦苦思恋的。

分合很难讲清，但怨天尤人只会让自己不甘心，不如换个角度想：每个经过我们身边的人，不管缘深缘浅，至少我们从他身上能学到一种看待世界的方式。

凭借这点，放下一切。

2

"任何一个人离开你，都并非突然做的决定。人心是慢慢变冷的，树叶是渐渐变黄的，故事是缓缓写到结局的。而爱是因为失望太多，才变成不爱。"

关于分手，我一直很认同亦舒的这句话。

刚在一起时，两个人恨不得把心都掏出来告诉对方"你看哪，我真的好爱你"。

那时对方要什么给什么，就算没有，也要竭尽所能，以为付出了就是爱，但到最后只是感动了自己。

电影《风月》中，张国荣扮演上海的拆白党郁忠良，化名"小谢"，游走在寂寞有钱的阔太太中，靠英俊的容貌和撩人技能对上钩的女人进行敲诈，有时一个晚上能得手好几次。

每个女人在被蒙住头遭到威胁时，都要喊上一句"小谢"。生死关头，她们依然关心小谢的安危，这就是爱，即使苟且。

后来，郁忠良爱上了一个女人，他们在天香里同居了半年，直到郁忠良被逼无奈，故技重演。女人扯下蒙住的头巾，发现敲诈自己的正是自己深爱的男人，万念俱灰下，她问了一句："你爱过我吗？"这个问题她也曾问过，但男人沉默了，她并不生气，反而觉得是自己造次。这次的真相让她明白，自己不过是在男人设的一个局里，因此反而更想知道答案了。

当时，我觉得这个情节特别俗气，这时还问他爱不爱有什么意义，结果都这样了。

多年后再看这电影，我才知道这个答案对女人的重要性，只要被爱过，就算抵消不了伤害，但至少能抵消屈辱。

可惜她并不知道，他是爱过她的，无论是她还是后来的庞家小姐，他都动过心。原来专业的骗子也有爱，但爱得太微弱，微弱到无法对抗深埋于人性里的黑暗。

这正应了李碧华说的："他是真的，她也是真的，不用怀疑，只是不恒久罢了。"

最后，那个女人跳楼了，她不是死于被捉奸的恐慌，而是死于倾心一场却始终没得到对方承认爱过自己的绝望。

女人多数如此，明知道他绝非良人，却总忍不住琢磨，都在一起这么久了，自己投入时间、精力、情感，说不定哪天他就浪子回头了。

舍不得，忘不掉，总骗自己还有希望和机会，犹豫之下一错再错，最后错到无路可退。

3

如果爱情是一场灾难，那么离开就是逃难。

当爱情已经变得满目疮痍时，永远不要介意自己到底损失了多少青春与情感，更不要去计算舍弃多少，只管离开就好，因为没有什么比自己的未来更重要。

这一点女画家吉洛特诠释得特别通透。

当年她和毕加索相遇时，艺术的共鸣点燃了双方的爱火，他们拥有了一段美好的时光。她说和他在一起如烟花般绚烂。他拥有无与伦比的创造力，他充满智慧，只要他有兴致，能让石头随着他的旋律起舞。

过程再美，但结局喜欢止于"再见"。

毕加索喜欢在生活中扮演上帝。他要求女人绝对顺从，自己却不受任何约束，自私又冷酷的他只醉心于绘画。

最终，吉洛特厌倦了这种日子，她带着孩子离开了他。她的离开令毕加索暴跳如雷，他断言，从今往后，人们对她，不会有别的，至多有些许好奇，好奇于一个曾与他的生命如此亲密的人。

吉洛特竭尽全力避免这种结果。她知道自己生存的年代并不是对女人最宽容的年代，她一直坚持创作，不愿枯萎。

她在后半生，举办过50多次展览，并出版了12本书，获得了无数荣誉和大奖。但她说生活给予自己最大的奖赏是如何从痛苦的藤蔓上脱落，落地长成一个全新的自己。

比起毕加索的其他女人或痴缠、或发疯、或自杀的命运，只有她得到了保全，因为她清醒无比："如果认为应该生存下去，那你总得有办法生存下去，我没有征得任何人同意而成为今天的我。"

感情并不能随意收放，如果强行切断纽带，这纽带依然鲜活，在汩汩地流着鲜血，心会痛。

幸好，生于现代的我们拥有重新洗牌的自由，无论遇到渣男还是经历了情感的自然消亡，大可慷慨放手，恋爱之外，总有广阔的天空。

但因为贪心，喜欢的都想要，想要的都占有，受尽折磨后却忘了，一个人的成熟，是从好好说再见开始的。

只有认真说再见，和过去彻底清算，才能真正朝前走。

《清醒记》里有一句话："为了自己想过的生活，勇敢放弃一些东西。这个世界没有公正之处，你永远也得不到两全之计。"

真正理解命运的，反而不会求其幸运

1

深夜，在陌生城市出差的我，坐出租车返回酒店，司机师傅正在收听一个谈心节目。

电台那端有个女孩子在倾诉。大学毕业后，她留在一线城市，应聘了 N 家公司才算留下来。但两年过去了，事业没有起色，没有升职和加薪，二十五六岁的年纪，没有男朋友，忍受着父母的催婚，再看很多同龄人的鲜衣怒马，回望自己的价值和人生的意义，仿佛呼啦啦的大转轮，将自己转得晕头转向。

她想辞职，又担心颠沛流离，觉得人生失败、困顿极了。

我听了，竟然有些羡慕，比起中年人保持体面的条条框框的生存之道，年轻人涉世未深，偶尔崩溃一下也不算什么。

毕竟生活在一个经济飞速发展了几十年的国家里，消费升级带来了攀比和焦虑，个人追求撞上了全民焦虑的时代，并且全网对"996"的声讨如燎原之火，噼里啪啦烧得正旺。

所有人都和《复仇者联盟4》里的复仇者们拯救世界一样，时间总是紧迫，好像做什么也来不及，要赚得盆满钵满，要日进斗金，每天都要成为更好的自己……

因为真正理解命运的，反而不会求其幸运。

2

脆弱，往往源自耻辱和恐惧，来自"我不够好、我不够坚强、我不够漂亮""我也没有钱和能力""没有人会喜欢这样的自己"的心态。

其实，人痛到极点，触到底后，并不会一直向深渊滑去，反思，也能凤凰涅槃，这时只要有一点点力量，就足够支撑自己反弹起来。

在杭州开了两家琴行的 S，相比还在啃老的同龄人，幸运多了，除了那些恍惚地飘进脑子里的记忆：年少时因为乐感不好被钢琴老师拒收，被母亲送礼塞进去，每个周末都忍受晕车——挤 3 个小时的公交车去老师处学琴，升高中钢琴特长班时，因车祸成为初中特长班里唯一落选的学生。

高中时学业重，她一度想放弃弹琴，但由于太偏科，自知如果不弹琴则高考无望，于是又开始弹琴。手指弹到掉皮，裹上纱布继续练，没有人催促她。

大学毕业时她没有考上理想学校的研究生，去了不喜欢的公司，每天晚上坐地铁穿越大半个城市才能回到出租屋，月底的工资扣掉了房租后所剩寥寥无几，工作日常常加班跟项目死磕。这些让她觉得生活和理想差距太大。

思忖良久，她决定离职，成立了工作室，满心愧疚地接受了父母的资助。最初每天 12 个小时的工作量，令她极度崩溃，但她不断地进行自我脱敏心理暗示：奔三的恐慌，父母的笑脸与资助的钱，生存现状像巨石压在身上……

用心之下，她能记住每一个孩子的特长与学习情况，针对他们的性格加以引导。投入所有精力的她，很快瘦了一圈，在工作上慢慢有了成效和好的口碑，学员从个位数飙升到百位数、千位数。她终于把原本喜欢的事情做成了擅长的事情，从此靠音乐吃饭。

心性的打磨、觉悟的提升时刻提醒她：不要懈怠，不要停止，不要在生活面前停滞不前，也不要被巨大的工作压力和生活烦恼击垮。

那一段不堪回首的经历已成了她生命中的烙印，每一次说起，她都嘴角上扬。

真正值得抵达的地方没有捷径，它需要你视困难而不见，默不作声地继续砥砺前行。

3

有一阵子，锦鲤文化很火。

转发的人是真相信自己的生活会发生什么实质性的变化吗？当然没有，可在大起大落的人生中，乐呵一下也没什么不妥。

但当它变成一种习惯性的转发，内容越来越夸张时，就不再是美好的愿望，而是所有想不劳而获的人的精神依赖。

转发这些，愿望就能实现吗？当然不能。不过是那些不努力又不相信努力的人，明知其荒诞，但依然在犬儒心态的驱使下，继续迷信而已。

命运对每个人都一样，本身没有奇迹，所有人都在光明和黑暗中来回折腾，没有人例外，更不会有谁一生拥有所谓的"锦鲤体质"，所有的好运都扎根于本身的行动中，而非安慰剂，唯有坚持、热爱和敢于开始，才能真正遇到好运。

作家李尚龙在《20多岁的你，一定要坚持的6件事》中提出：

第一，别丧。因为丧是容易习惯的，积极也一样，都能养成习惯。

第二，多读书。永远不要连续3天不读书，因为读书是自己和自己，自己和作者交流的途径。

第三，运动。别小看锻炼，因为身体是灵魂的载体，再有趣的灵魂，也经不起多病的身躯。

第四，定期给父母打电话。

第五，每年至少要去一个陌生的地方，因为见识比知识重要，跨出舒适区，外面的世界更大。

第六，存一点儿钱。每个月的 20% 存在银行，做自己的备用资金，这些钱积累起来会变成自己独有的安全感。

最重要的一点：别怕失败。从失败中得到的比从成功中得到的更多，面对生命中的浩劫，要像一座城市面对洪灾，咬紧牙关挨过去，暴雨总会停下，污水总能排空。

你看马尔克斯一生与眼疾做斗争，但他写出了传世之作《百年孤独》，他说："我们的命运并不可怕，因为它是不真实的，但它又是可怕的，因为它是不转的，是严峻的。"

心态平和，远离热闹与喧嚣，以独立的姿态开放。

生命体验型的人，都是那种在过程中闪闪发光的人，他们真正享受 "Make Memories" 的制造过程，而不是苦求某种结果。他们和现实中的众人正好相反，而我们经常想要省略过程，直接得到结果。

但急于省去过程的人易老易衰弱，真正享受过程的人才能得到岁月的偏爱。

做一只特立独行的"猪"

1

王小波曾感慨："我已经 40 岁了，除了这只猪，还没见过谁敢于如此无视对生活的设置。相反，我倒见过很多想要设置别人生活的人，还有对被设置的生活安之若素的人。因为这个缘故，我一直怀念这只特立独行的猪。"

多少人就是这只"猪"，从小到大，主流立场给了我们太多安排，其实那些言之凿凿的原则，换个角度看是种偏见。

要知道人只有在最自由的状态下才能创造属于自己的辉煌。

这种自由绝不是说没人管你做什么，而是指你在精神和行动上完全不受环境左右，根据自己真正的需求来指导行为。

偶然看到作家祝小兔笔下的苏芒，才意识到那个曾扬言战死沙场、圆寂在工作岗位的女魔头，辞职已整整一年了。

当初那个被猜测不是重觅高枝，就是要自主创业，换个地方洒热血的女人，半是撒娇地对身边的人说："我，工作了24年，从来没有休息过，就不能休息一年吗？"

的确是休息了一年。

据说，这一年她真的什么都不做，每天晒太阳、喝茶，虚度时光，自我放逐。她形容，这日子开心。

开心后，她就跑去洛杉矶读书了。

说来说去，她已经脱离了一贯的工作轨迹与日常生活，也远离了曾经游走于影视商界文化名流之间的生活，那是好多人在位高权重时想都不敢想的事，那时的她根本没空关心自己的生活和灵魂。

如果不是母亲的一次生病，她还意识不到原来自己的人生还可以这样活，她把消耗掉的精力一点点拼凑回来。就像我那个曾一门心思向前冲的闺蜜，今年突然跑过来说，工作算什么。

我讶然，看惯了边喝心灵鸡汤边努力的她，总觉得她说的这话有些令人匪夷所思。

她说："我想通了，工作，不仅仅是为了成为所谓性价比高的人，而是为了更好地生活。以前稍微松懈我就会恐慌，但身体上的一个小毛病突然就提醒了自己，做喜欢的事，才能避免误入歧途。"

新鲜的血液，总是自己给自己输入的。也许只有经历了才懂得，做快乐的事，比想象中更快乐。

2

在美国的影视界，珊达·莱梅斯是相当有影响力的人。

她的影响力不仅体现在剧本的收视率和口碑的保证上，她还敢说常人不敢说的话，敢做常人不敢做的事，活成了一个成功女人的模板。她鄙视常规，又百炼成钢，从不活在别人对她的评价体系中。

她的第一部爆款剧是《实习医生格蕾》，她在对白中直接植入敏感的种族主义、女权主义的话题，并放言："对此我感到很自豪。"

她在第 8 季又触碰了美国人的禁忌话题之一——堕胎。又在 11 季，因为不满意男主角耍大牌，直接在剧中让他出车祸死去，一脚将其踢出剧组……

当然，那些不按剧本来、乱改台词的人，自视清高、不听调配的明星，出现私生活丑闻的人，都会被珊达从剧组开除。珊达从不掩饰她因为不喜欢某人，而毙其角色的行为。

虽然这种行为遭受过明星粉丝的抗议，但她以一贯傲娇的态度回应："后续更精彩，敬请期待。"

霸气是因为有底气，而底气来自实力。

作为美国呼风唤雨的王牌编剧，珊达制作的剧几乎无一失手，收视率高、口碑好，还特别能赚钱，因此她有"金手指"之称。

美国广播公司凭借她的剧一跃雄起，一部《逍遥法外》助力平台一季度豪挣 3 亿美金；《丑闻》一剧的收视率更逆天，连奥巴马夫妇都每天追剧，还试图让她剧透。她写的剧本是艾美奖、金球奖的"常客"，她个人更是拥有美剧制作公司的大老板。

当然，这些对于珊达来说，都是自己努力的回报，她并不喜欢有人夸她勤奋，她说头脑是女人最不过时的魅力。希望人前的云淡风轻，是能力的彰显，而不是苦功的质变。

这些光环并不能掩饰她人生的不完美。珊达一度是个200斤的胖子，也因秉持"婚姻必须讲究，不能将就"的原则，在31岁时仍然单身，甚至被催婚。

她只是笑笑，转身不顾家人反对领养了一个女孩儿，做了妈妈。

因为体会到了当妈妈的快乐，她先后又收养了两个女儿。她不认为结婚是必须做的事，在她的心里，孤勇直前，独善其身，是值得推崇的。

因为自信，哪怕胖到200斤，她也敢穿着性感的红礼服和那些大牌明星站在一起，并且她的气场毫不逊色。她上杂志封面，只为告诉女人，不管什么体型都很美。她参加脱口秀，分享成功经验，希望更多女性找到真正的自己。

再后来，她坚持少吃多动，一年狂减90斤，全美人民惊呆，她淡然地说："减肥也是因为我高兴，只为了能在头等舱顺利系上安全带。"

从不活在别人的规则里，她更清楚自己要什么。

3

瞬息万变的时代，人们对自我选择的定义发生了很大变化，有更多的人享有决策的权利，在思考中不断创新，并且有足够的空间来决定要做什么，要怎么做。

某女性真人秀节目，几个女明星跨越千山万水去旅行，吸引了无数观众。某影后也参与其中，曾高高在上的她在真人秀里穿睡衣贴面膜，和老公隔着屏幕秀恩爱，甚至节目组有意无意地曝光几个女人相处时的小心机、小情绪，她们与我们身边的市井女人别无二致。

影后的粉丝们不愿意了，义愤填膺地跑去偶像的微博下喊话，指责她为了钱，不爱惜自己的羽毛，哀其沦为人间俗物。

仔细想来，她并没有什么错，匆匆已过半生，剩下的人生应是我想如何便如何。因为赤手空拳挣来天下，所以有权决定拍什么样的戏和真人秀，至于粉丝的失望，不过是别人的事，而她只想选择自己想过的人生。

人生本来就是由一连串的大小决定组成的，谁都无法保证每个决定的结果一定会令人满意，但唯有透过每次选择，建立属于自己的思维方式，才能让我们成为"人生"这场戏的导演，而不是成为依照他人指示出演的角色。

4

《死亡诗社》里有段台词是我的心头至爱："我步入丛林，因为我希望生活得有意义，我希望活得深刻，汲取生命中所有的精华，把非生命的一切都击溃，以免让我在生命终结时，发现自己从来没有活过。"

生活也好，事业也好，情感也好，我们都有自主选择的机会，也会遇到枷锁，关键是要拿出怎样的态度和行动去面对，保持清醒和独立的思考，认准适合自己的路并且坚定地走下去才最重要，无论这条路是在主流当中，还是在主流之外。

如果你要去工作，就要去给予，去挑战，去热爱；如果你爱一个人，就要去争取，去付出，去拥抱。

辑三

人生不慌张，

岁月莫流离

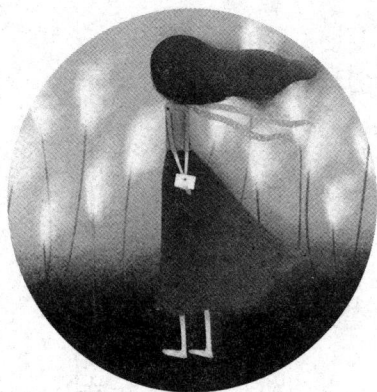

你的独立，就是底气

让皱纹长在脸上，别长在心里

1

和一个"精通"《易经》的好友聊天，偶尔谈及命运，他说比起测试八字，他更喜欢观察一个人的面相。好比挑一匹马，要看它的力气大小、走路快慢及毛色、神态气息如何，就知道它是良骥还是驽马。

人也如此，从长相和气色能推出一生的运势，能看出阴阳五行之气化生天地万物，人禀命于天则有表候于体，更能推出一生富贵、贫贱及命运休咎变化与否的说法。

凝眉之间，虚实真假，一眼通透，流转不滞，人人如此。

王尔德说："天真的女人不一定好，世故的女人也不一定坏。同时，未经世故的女人习于顺境，反而苛以待人，而饱经世故的女人深谙逆境，反而宽以处世。"

如今很多人恰恰相反。做女孩儿时耗尽了一切天真与热情；成人后，又不肯放下过往，把快乐全部摒弃在门外。她们显露了过多的鲁莽无知，在未知的事物面前，则涌现出更多的恐惧。她们不断遇到生活的挑战，夫妻争吵、婆媳危机、职场排挤……种种原因导致自己身心俱疲、性格大变、郁郁寡欢，生怕走错一步路，人生就全盘皆输。

真正的世故，是尖酸刻薄，是对生活充满了愤懑，或者因为深谙规则而倚老卖老，带着过来人的优越感指点江山。反倒是那些知世故又不失善良的女子，经过岁月砥砺后，对人有了深层次的宽容，在面对是非与风浪后，依然成熟又不失好奇心，淡然又不失雅致，最终傲视众生，取悦自己。

这样，即使皱纹长在脸上，也不会长在我们的心上。

做女孩儿时，内外兼修。人格的完善，是柔软、坚强适度的独立，不过犹不及。进，成头戴皇冠的大女主；

退，也能安然享受小女人的幸福。

做女人时，要学会寻找快乐，拥有一种自然的熟龄的天真心态，让自己活得轻松、淡然，善意地对待这个世界。

因为丰盈，才不嫉妒年轻的朝气；因为向往，才能欣赏成熟的风度。

2

一个女人最好的状态是在时间的历练中不断成长，哪怕生活充满了各种槽点，也能满足于自己的生活。

能在各种身份中灵活转换不但说明你拥有旺盛的生命力，而且说明你非常懂得爱护自己。上班受了气，回家和爱人软语几句，和孩子玩耍一下，马上满血复活，这何尝不是人类通过多重身份给自己找到的一个最佳避难所呢？

心理学家早就指出：大多数正常的成年人都具备多面性，它存在于每一个人的体内，并且依照观察，多面性在女性身上表现得尤为明显，她们更擅长快速自如地转换身份。

当然，这份天真不是幼稚，而是需要挖掘和发现的，它需要你的好奇心，需要你不断努力地去尝试，最终带给自己更精彩的生活。

永远不要用单一的标签定义自己，也不要被别人给自己下的定义所束缚，每一个精彩的女人，身体里都住着不同的灵魂。

所谓"相由心生"便来源于此。一个不抱怨、不计较、不矫饰的女人，必然带有天真烂漫的神情，就好像看见年老的女士偶尔露出少女般的羞涩一样迷人。于世俗而言，老成持重的心和一张伊娃·格林的脸，才是无言的美。

真正的熟女，其实就是在经历生活的磨难与情感变故后，依然能用最美的状态去面对人生，只要不认怂，就能从泥沼中站起来，虽然受过苦，却能直面过去，重建内心，用努力成就自己。

一如柳岩在 18 岁时写给自己的一句话：以梦为马，不负韶华。

人生不慌张，岁月莫流离

1

我居住的城市，附近有海。

开车一个多小时就到了海边，每年我都要去海边一次或若干次，和朋友或亲人，也可能是自己，在海边待上几天，怎样都不会厌倦。

有时间，就去陌生的城市待上一阵子；没时间，就和一群精力充沛的人去爬那种原始的、荆棘密布的荒山。

再不济，开车去郊外，不用敷衍说话，也不在意周遭目光，一人一车，什么俗事都不去想，将肉身和灵魂放空，任思想四下飘散，最后浮上来的，是一些将散未散的情绪，这些情绪或饱满，或有缺憾。

旅行能让人清醒，因为它是用世界去丈量心灵的维度。

初看《奇遇人生》时，我想不到曾经能歌善舞、能上综艺会搞笑的阿雅，居然做出了这样一档朴实而感染人的节目——没有跌宕起伏的表演剧本，也没有游戏和任务的环节。

十位旅行者，开启了十段旅程。从非洲到极地，节目记录了他们的人生探索之旅，情节略显平淡——但呈现的是真实的细节，真实到情感自然流露，或哭或笑，自然的凶残和人类的无力，就那么摊开在你的面前，瞬间能戳中你内心的柔软。

木心先生说过："裘马轻狂的绝望，总比筚路蓝缕的绝望好，什么样的绝望都是轻的。"

有位女友，曾在深夜对我哭诉生活的不容易。

她每天加班加点，没日没夜改了无数遍的 PPT，最终被老板批得体无完肤；跟进 3 个月的项目，半路被对手挖了墙脚，全程辛苦付诸东流；最亲近的人却不理解，也不懂安慰，反而百般指责她对家和孩子不负责。这些让无数次坐末班地铁回家，又面对着一室冰冷的她痛苦万分。

她后悔自己和一个并不是多么相爱但看上去很般配的人结婚，兜转十余年，磨尽人生。深夜埋首赶稿的我，思绪有短暂凝结，不知该如何劝慰，良久蹦出一句："去散散心吧。"

现世浮躁，所有人都喜欢舔舐自己的焦虑。前不久的我，也同样面临低沉、消极的时期，铺天盖地的烦恼令我生无可恋。工作环境压抑，生活琐事增多，情绪开始步入低谷，人生虽是盛年，依然藏有很多癫狂与隐忧，所有道理皆明白，自我疏导也皆无效。

困顿之下，我扔下手里的事，去了一趟厦门。

我带着最简单的行李。去之前，自制攻略：环岛路—曾厝垵—沙坡尾—鼓浪屿，简单且美。

街头随处可见的繁花、喵星人，以及海岛的风，逐渐平复了我的浮躁情绪。

最近一次迷茫，出现在这个年末。整整一年我过得都很充实紧凑，但它的副作用是辛苦疲惫。利益驱使下，我在自媒体中融入了电商合作，赚了一些钱，但人却越来越不快乐，曾经的写作带来了生活的富足，同样带来了功利的味道和辛苦的滋味。

我喜欢钱。

它能让我在挥手给老妈买房时不用看任何人的脸色，给自己办美容年卡时不眨眼，出去旅行时不委屈自己……钱满足了我对物质的各种需求，我却慢慢沦为它的傀儡。

那一年，我像处心积虑的奸商，每分钟都以价值与功能核算我敲下的字。我就像一只永不停歇的陀螺，明知道自己喜欢立于阳光下，斜倚于清风里，却不得不在各种责任、热爱与需要之间切换，忙得分身乏术，每天为了阅读量追热点，为了产品销路绞尽脑汁，和各种不熟悉的人对接小程序，深夜无休止地探讨方案……即便这样，那一年仍坚持和出版社签下新书合同，无论是凌晨 4 点，还是深夜 12 点，我都不管不顾地写着。因为写作是我唯一擅长的，我不想放弃。

继而接受报社及电台采访，外出讲课。日复一日地机械运行，使我的睡眠神经都变麻木了，有时刚入睡又惊醒，我开始掉头发，一把一把的如同秋风里的落叶。

一年后，我主动提出终止合同。我需要钱，但不想成为它的奴隶。

2

调整了 3 个月，我用一些小仪式来温暖疲惫了一年的自己。

清晨比平日多睡半小时，夜跑 10 公里后待在家里看电影和书籍，刷肥皂剧，将头脑放空，转身去拥抱琐碎但有趣的日常生活。我逐渐明白，人不管有钱没钱，清高或世俗，不管如何挣扎算计，最终还是要回归生活的本身——柴米油盐、衣食住行。

阳历年时，我再度远行。

顶着机票节节攀升的压力，我火速订了仙本那的机票。

因为东南亚岛屿的混乱，马航的不安全，潜水的危险，先生自然极力反对，可身心疲惫的我开始厌倦小城初雪、家常烟火。我固执地向往热带岛屿，裹着长长的羽绒服，丢下电脑包，背包里凌乱地塞了几件 T 恤和一身比基尼，踏上了第一次国外旅行——仙本那的征程。

小岛没有想象中的干净，却是真宁静。

我和女友在陌生的国度里行走，在热带的艳阳里欢欣雀跃，静坐码头，看落日鎏金，看船只停靠又启航，看鱼虾被运送上岸……最后忐忑又坚决地扎进深海里，才觉察到人可以如此被万物宠爱，僵硬的躯体逐渐在温和的海水中柔软下来……

上岸后，我们点了两份龙虾煲粥，和着海风船鸣月色，觉得幸福不过如此，所有烦恼与纠结在大海面前显得如此渺小，好似微尘。

原来旅行的终极意义，不是见没见过的世面，而是在见了世面以后，更加珍惜那个曾被自己差点儿忽略掉的庸常人生。

哲学里非常强调"发现"这个词。

你发现什么，生活就是什么样子，所以走出去，聆听、感受才最为重要。

3

这些年很少和别人谈理想了，总觉得那是年轻人爱聊的事情，带着懵懂和对未来的不确定，当经历变成笑谈，青春才能不慌。

做情感微信公众号时，我的邮箱里经常塞满来自各地的烦恼，这些烦恼往往是因为工作选择、感情痛苦，还有数不清的迷茫。

我虽然不是个轻易交心的人，但情绪的触角异常敏感，很容易被细节触动，每打开一封信，都能闻到灵魂的味道，焦灼、悲哀，以及各种混乱。

那些倾诉者通常理不清自己想表达什么，外界的声音围绕着他们，内心深处的需要被掩盖在几乎看不见的地方。他们觉得很多事非常合理，但自己感觉不对，所以产生了混乱，最终混乱转化成了烦恼。

其实，内心遇到矛盾挣扎并非是件坏事，那个真实的自己能浮出水面，让我们看到自己的本来面目并不是平日想象的那样，原来我那么软弱、恐惧，又小心眼儿，也唯有这样，才能明白自己想要什么……

当你无法提升自己时，生命中就会出现许多混乱和不顺的情绪，让人痛苦，这痛苦来自自己内心温柔的提醒，它想让你看清自己的软弱、对抗和恐惧。

在脆弱中，你才有无限的勇气去提取坚强。

有位驴友是一个极度向往自由的女人，她的人生却极度痛苦，她先后经历了患病、失业、离婚等挫折。大病初愈后，她孤身一人拎着相机走过云南的青石板路、四川的沼泽，走过北上广的钢铁水泥，走过摩洛哥、塞班岛、诗巴丹岛……身体素质越来越好，生活也是。

山水总是带有治愈功效的。

它的神奇之处在于能不停地触动人的神经，抵御随时出现的孤独、迷茫以及无法突围的狭隘思维。它足以扫除前尘旧事，赶走疲惫昏昧，让人重获愉悦和安宁的状态，让生活里出现的那些绝望与希望，被拿起又放下，让自己继续前行。

这人间，很值得走一趟。

体面离开，才能各自花开

1

《金粉世家》里，冷清秋给金燕西的分手信里有这么一句："君子绝交，不出恶言。"

这可能是一个知识女性，在爱情结束、婚姻解体时呈现出来的最体面的一种分手方式了。这份体面是她远离伤害时的保护色，有些人捧着它小心又小心地向前走。

但一段情感结束，并非所有出局者都像冷清秋般缄默，因为割爱是倾巢覆顶的痛。

当年，作家六六在微博上手撕小三时，我曾全程围观。

她在博客中写道："他坚决不肯离，是我坚决要离，我不明白为什么女人要百忍成钢、舔血饮痛地等男人回来。我对你好，你也要对我好，我爱你，你最少不要辜负我的爱……"

为了这个不辜负，她吃了回头草。

任何一个爱着的人，都很难接受对方背叛自己，甚至在情逝时，内心还有个小小期盼，希望他在千帆过尽后，发现还是自己最好，再回头与自己复合。很遗憾，这多半是一厢情愿和自我感动。

六六也是这样。但她还算理智，在男人回头，品尝了短暂的甜蜜后，她立刻发现自己错了，变了心的男人如同手中的沙，与其紧握不如扬了它。

这一次，她不再隐忍，公开回应小三已经存在了5年的事实。其中被辜负、被出轨、被欺骗，争吵、谩骂、暴力等细节，被网友们奉为"斗小三的典范"。

再次终止婚姻时，她玩得特别漂亮，广而告之："才10年，我再看他已然陌路。"如果说第一次婚姻结束时她还带着委屈，而今重提旧事，满满都是强悍的味道：老娘离得起。

离婚后，她继续出书，做编剧，去中欧商学院读书，满世界游历，去演讲。春光还在，蔷薇仍开，想不通的那个人才是傻子。

一年后，不做傻子的她邂逅了好男人。

2

世间情人分离，只有两种，自愿和非自愿的，前者厌倦到乏善可陈，后者往往怀念到心如刀割。

有位香港女星，她的丈夫被媒体发现出轨时，狗仔队直接跑过来问她，她笑着跟他们挥手再见，晚上快速而礼貌地发了离婚声明，没有埋怨责备和任何狗血内幕。没有人知道她经历了什么，无论是暗夜辗转还是在无人时饮泣，她都没有在人前言明，她呈现出来的云淡风轻赢得了众人的尊重。

名人们一旦情变，热议者包括媒体、粉丝以及各路圈内好友和对头，唾沫星子足以汇成河流。如果处理好了，过往情缘也是一段佳话，你看王菲和李亚鹏，相爱十年，分手时我还好，你也保重。如果处理不好，就要做好时不时被大家拿出来调侃笑话一番的准备。

在这场旷日持久的战争中，个人付出的时间、精力自不待言，连无辜小孩儿也莫名地承受着许多痛苦。

越是熟悉的人，越知道对方的命门在哪里，在分手时刀刀致命。都是血肉之躯，如何经得起这种严苛的指责？

换句话说，分手已是不易，无须再让自己沦为他人的笑柄。

不想分手的人，总有无数理由等在那儿："我做得哪儿不好，你说我改。""没有你，我可能活不下去。""别人都这么一辈子，你怎么就非要找个灵魂伴侣？""你就算不折磨对方，也一直在折磨自己。"

现实中，有多少爱恨情仇，分手后演变成了腥风血雨。一段关系，从相爱开始，难道要一场体面的分手真的那么难吗？

真的很难。

3

铁打的婚姻，流水的人，聚散分合太容易，一个人总要学会接受变化，懂得放下和原谅。

这是一个很熟的朋友在某次醉酒当歌时幽幽道出的。当年被爱人背叛，她痛苦至极，也曾屈身挽留却又不甘心原谅。枕边人从"暖男"演变为"最烂渣男",她逃避了整整两年。

成年人的恋爱讲究你情我愿,很多时候它并不复杂,有时放过别人,也是放过自己。

你看《傲骨贤妻》里的 Alicia,剧集刚开始时,她的生活因为丈夫的丑闻一下变得混乱不堪,她也曾完全崩溃,觉得灵魂被撞成了无数的碎片。睡不着的夜晚,她以酗酒来安抚受伤的心灵。

但 7 季结束,我们看着她一步步成长,从茫然无措的主妇到运筹帷幄的律师,蜕变之大,有目共睹。

她挣着微薄的薪水,接受昔日别墅区邻居的耻笑,到最后,她笑着和丈夫举杯庆祝离婚:"我们的婚姻只是结束了,但并没有失败。"

还有王菲,和前任体面又不伤和气地分开,才能安心地再筑爱巢。

杨千嬅因为分手后唱"要是回去没有止痛药水,拿来长岛冰茶换我半晚安睡",被称为"胸口上写着'勇'字的女人"。

是啊,最不济也要像歌中唱的:"我们的爱若是错误,愿你我没有白白受苦。"

从此拈花一笑,傲骨以赴。

花路从来都是荆棘路

1

　　"人间风卷又长歌，莫将锦心付流年。"这是我看到下面这个心碎的消息时脑子里蹦出来的一句话。那个21岁的女孩子跳楼自杀了，整理遗物的父亲发现了她的网贷记录，3年前借了5000块钱，到如今利滚利变成了16万。

　　这个女孩儿每个月都在还贷，哪怕去世后她的父亲仍被网贷方辱骂逼他还钱。

　　看惯人间日出日落的美景，悲剧发生后，除了心疼，我似乎无法表达心情。反观那些指责、谩骂与嘲笑，有人引用小说《同门》里金瓶对师妹说过的狠话："世上所有圈套，都一样设计，记住，玉露，开头都一定对你有百利而无一害，结果，要了你的贱命。"

可惜她再也听不见了，她已为自己的愚蠢付出了代价。远不止如此，那些侥幸躲过一劫的女孩儿，如果依然虚荣无知，什么都想要，再加上身无长物，那么就可能会被迫牺牲自己的身体、姿色和透支未来……

没人知道她借钱是为了什么。

为数不少的女孩儿陷入高利贷，最初不过是为了买个苹果手机或迪奥的口红……却不知它们再漂亮，都不及生命金贵。

借了贷款，瞒着家人不敢说；还不上钱，债务越滚越多；被催债人威胁逼迫，胆战心惊、惶惶不可终日地生活……

有一个点评这样说："这都是因为女孩儿的虚荣心啊……"

虚荣心并不可怕，但你要有为之买单的能力。

青春里那些呼啸奔跑、颠沛流离的日子，从没有多少对错和道理，"虚荣"二字可轻可重，度量全在己心。

还记得《东京女子图鉴》里的绫，为了过上被人羡慕的生活，离开小城市，搬到高档又便利的街区，升了职、分了手、搬了家，周旋于各种聚会和联谊会，扩大自己的交际圈和视野。她有了新的高富帅男友，学会了用信用卡买名牌内衣和昂贵礼服……

生活是平衡的，越是能轻易满足巨大的欲望时，在不远处就会藏有更大的深渊，风险太大。

谁都能在她的身上看到自己内心深处藏着的欲望：买到限量色号的口红，买得起名牌包，换更好的房子，工作上取得重大进步，被"男神"注意，让父母觉得骄傲，家人、朋友有困难时自己有能力帮……

大部分能够用金钱满足的欲望，于你而言，是希望，更是能够通过努力获得的底气。

虚荣心到底是好是坏，要看你如何利用，要看最后的结果。

女孩儿，没必要长期摆出"我活得很好"的姿势，要知道人生有些时候是"it's ok not to be ok"。

2

近两年的 90 后，大致被分为两种：

一种人上进，无论出身贫富，为了实现自我而努力。比如何猷君，出身豪门，手里天生一副好牌，却努力凭自己活成了很多人梦想中的样子；比如中国游泳史上第一位金满贯的选手叶诗文，近年来的竞技之路虽非一帆风顺，却凭实力迎来了20年里最灿烂的样子……

　　另一种人在青春年华里，为了物质出卖青春，甚至不惜用生命为代价。

　　"人的生命不可能有两次，但许多人连这仅有的一次也不谨慎对待。"这句话我听一个女孩儿说过。

　　她出身贫苦，家里重男轻女，自己战战兢兢地读完高中、大学，以为苦尽甘来，却在毕业后迟迟找不到合适的工作，于是她一边应聘一边打零工，去餐馆洗碗、去理发店洗发、在星巴克当服务员……只要挣钱，什么都干。她不敢停下来，生怕紧绷的弦稍稍松懈就断了。

　　为了生存，她租最便宜的城中村，每天半夜回去，总能看到一些浓艳女子站街，和一些男人探究询问的眼神。

　　那个阴雨天，一个大腹便便的油腻男拍了她一下，问："多少钱?"可又冷又饿的她连骂人的力气都没有。

　　她透过昏暗的路灯，看到橱窗里的自己头发蓬乱，眼神涣散，难怪被误认为是外围女。那些心酸，三言两语怎能说得清呢?

她生平第一次怀疑活着的意义,无助顷刻间就吞噬了她的坚强,甚至有那么一刻她绝望地想和这个男人走掉。就像她的另一个女同学,受不了住地下室的潮湿与吃泡面的清苦,在某天上了一辆豪车后,再不回头。

她要为自己的人生负责,所幸半个月后收到了一家公司的面试通知。她知道,所有沉重的时光悄然逝去后,那些脱壳而出的灵魂都能俯身翱翔。

3

一个人安静下来时,我经常在想,如果以一个成年人的视角来窥视这个世界,你能看到什么?

除了一代人的焦虑,还有一群人的贫瘠。比起那些物质上的匮乏,精神空虚更可怕,在一定程度上物质是可视也可以解决的,但精神折磨就像一只无形的手,能逐渐掏空一个人的未来。

青春美好,如初春、朝阳,又似百卉萌动、利刃新发,它是一生中最宝贵的时期。

可惜很多年轻人不懂。他们羡慕一夜暴富,追逐网红，被潮流与品位绑架，带着急功近利、浮躁的情绪去靠近，用物质掩盖空虚，以金钱换取自尊。甚至有年轻的女孩儿为了完成环游世界的梦想，竟做出用身体换旅行经费的荒唐事，明码标价的虚荣下藏着一个贫瘠而空洞的灵魂。

网上有一句话："年轻时，为了钱，为了那所谓的虚荣心，宁愿放弃尊严，宁愿褪去衣衫，可是只有当她年老时才会发现有些东西一旦褪去就再也捡不起来。"

人，只有正视无知，才能直视无措。

有的苦难是迫于无奈，有的却是自己主动选择的。

《奇葩说》中的辩手邱晨曾眼中含泪地讲述一段被生活暴击的经历。疲累又迷茫的日日夜夜里，她反复叩问，思索，期待着命运给自己一次从容选择的机会。你要问她感激不感激生活的暴击，她也说不上来，只是觉得，自己那么坚强，在生活的暴击之后变得更厉害了。而最牛、最厉害的，不是那些经历，而是自己。

女人最值钱的地方不在皮囊，而在脑子和个人的价值观里，多读书，多走路，多吃点儿苦，多学技术，多结交优秀的人，灵魂才能夯实沉稳。

只有这样，才能在被庸碌的现实俘虏之前，被琐碎的生活招安之前，就冲锋陷阵，耐心地做自己。

成熟，是能坦然面对自己的人生

1

初夏时，我奔赴南京的一场活动，和一群美好的人分享人生。

最后的互动环节，一改套路的你问我答，我随意走入她们中间，我们一起谈谈变美丽的经验，分享幸福心得。

拿到话筒的她却话锋一转，说："别人是来交流读书心得、分享人生经验的，我却是来请老师答疑解惑的。"衣着华丽的她举止优雅，但眉梢眼底藏满落寞。

我忽然明白，女人如同好看的锦，没有男人的温情，摸上去就是凉的。

下面是她的倾诉：

婚龄 5 年，有两个宝贝，得过产后抑郁症，5 年来和公婆、老公都产生过很多矛盾，一句话、一碗隔夜粥、一碟剩菜，都能引发一场家庭大战，继而纠缠不休。

老公是个妈宝男，她从开始隐忍到闹得不可开交，每天身处炼狱，冷战与争吵使她透不过气，要不是有宝宝，她根本不愿意回家，想提离婚，又迈不出那一步……

短短几分钟，她从老公聊到婆婆再到孩子，各种悲伤、失望与茫然交织在一起，形成某种炽热钝痛的情绪，像一块巨石将她压住。

她苦大仇深地叙述着，除了一条主线，大多都是关于日常生活的絮叨。我一抬头，看到檐下有大片大片的木香花，细碎清香。在这个初夏，我的心忽然变得柔软了，人间那么美好，可惜她却看不见。

事实上，她的戾气除了与被亏待、被忽视导致的缺爱有关，绝大部分与自己有关。太爱较真，过于依赖，加上不够自信，把大量情绪消耗在与自己的纠缠上，每天和身边人互相伤害，哪还有力量去对抗生活的变化和侵袭？

很多时候，自己才是一切不幸的始作俑者。

又有多少人真正懂得这句话的含义？

写情感专栏以来，情感剖析越多，我的心越忐忑。"婚姻"这种事充满了不确定性，人心本就善变，再加上每个人的经历与所处的环境不同，没有谁能轻易替谁做决定。只有你亲身走一遭，才知道进退去留。说到底，它不过是"求仁得仁"。

当它以一种极端方式被怨恨、伤害、肢解，你要么忍，对男人不闻不问；要么狠，让智慧成为人生的底牌；要么滚，大不了，输掉一段婚姻，从头来过，而不是在怨恨里消耗、沉沦。

2

很多时候，怨气和痛苦会让一个人在自我的精神世界里迷路，过日子总觉得委屈。

伦敦，夏日花园，午后花香微醺。

20 年里，凯特早已习惯了料理一切，当丈夫和儿女忙着各自的暑期行程时，她怅然若失，不知该如何度过这一段不需要自己做什么的时光。

在疑惑不安中，她走出家门——一份光鲜体面但不乏无聊的工作，一段饱含激情又暧昧不明的旅行，一段清澈见底的与少女合居的时光，伴随忽暗忽现的梦境，以及绵延不断的冲动，迎面而来。她在这个夏天的自由气息中迷失、找寻、思索……

这是多丽丝·莱辛在《天黑前的夏天》里的思索，女性一生心归何处，身归何处？

"最后，谁也没看见凯特和她的行李箱，于是她拎着箱子，悄悄走出公寓，回家，似乎什么都没有改变，但其实，什么都改变了。"

你的生活，你有很多选择权。

3

群里有人说自己辅导孩子作业到情绪失控、撕作业本、打孩子的地步，暴躁地嘶吼，吼得老公天天躲着她，不愿回家。情绪压抑下，又逢女儿被公婆怠慢，这使她歇斯底里。涕泪交流下，她口不择言，被老公贴上"泼妇"的标签。

她不明白自己为什么变泼了。

但成为所谓的"泼妇"以后，公婆的态度明显变得客气起来。她和老公分工明确，各司其职，往后一步真的是自由，她一点点接近救赎的出口。

有了空闲时间，她约友人吃饭、唱歌、逛街、做瑜伽、做美容，玩得不亦乐乎。

她才发现人生有很多事能让自己快乐，自己却偏和男人过不去。再回头看她老公，惶惶然无所适从，不知这个情绪稳定的女人葫芦里卖的是什么药。他谨小慎微起来，性子也比从前乖巧了，看来情绪稳定带来的效果比起过去的嘶吼有效百倍。她意识到抱怨是最无能的体现，家庭也不该成为人性的屠宰场，那种最极端的撕扯、控制、纷争、消耗发生在两个曾经相爱的人身上，太可悲了。有本事就让男人追着自己跑。

一个人真正的觉醒，带来了身边人的觉醒，不只是男人，还有孩子。真理就像内心的觉悟，接纳当下的自己，不再纠缠往日的破碎生活，再也不会画地为牢。

4

什么是成熟？

喜欢的东西依旧喜欢，但可以不拥有；害怕的东西依然害怕，却能独自面对。

她是我欣赏的女性，人已到中年，老公大她很多，两人没有孩子，但彼此相依扶持。一起生活，或许没了激情，但两人合璧是你情我愿，荣辱与共。

男人身体不好，又大她许多，总担心自己未来先行，留她一个人生活不容易，就说服她走出家门，走入社会。她同意了他的建议，在社会上做事儿做得起劲儿，有什么困惑都会和老公交流。

他们没有任何琐事纠葛，只有生活，每天都用心生活。

年轻时，以为世界就是爱情，却不知彼此间细水长流、绵延不绝的深厚情感，是在举手投足、相互在意间感受到的，而这恰恰是最亲密的理想关系。

5

张爱玲 23 岁时因为《金锁记》而爆红文坛，以至于才子胡兰成心有所念。

乱世里的姻缘如惊涛骇浪，终究不是他们能够说了算的。

情窦初开的张爱玲哪是情场浪子的对手，纵然她文笔老辣，感情上却怎么也斗不过胡兰成。但她始终不承认爱错了人，也不在乎这段感情成了民众的谈资。直至他薄情寡义，她才去了一封信，结束这段悲怆的婚姻。

她为他付出所有，却最终是一场梦。去了美国以后，她的第二任丈夫也不尽如她意，比她年长 30 岁，且体弱多病，全靠她养活。

在美国的日子，她的生活并没有那么得意，她不愿屈服于美式写作，注定市场前景不大，没有多少出版社愿意代理她的小说版权。如果不是皇冠出版社的版税，她很难支撑两人的生活。

她在感情上受了很多苦，吃了不少男人的亏。即使年老了，她还在拼尽全力维持体面，一生跌宕起伏，都自我消化承担了。

成熟女性，永远对自己的人生负责。

没有谁生来强大，也没有谁天生自信，但只要你对自己负责，承担选择带来的后果，绝不把自己的一生构建在另一个人的身上，无论伴侣抑或子女，并在这个过程中不断积累、放弃与沉淀，最终会向光而行。

爱与爱过，只隔着一个曾经

1

　　在经历了 10 多个小时的艰难跋涉，从山谷里连跌带滚地走出来的我们，终于走进一个农家院。

　　院落宽阔幽深，院里全是细竹；栅栏外有野生的柿子林；门前有盛开的野蔷薇，纷繁耀眼……领队激动地搓着手询问，而我和另一个小姑娘抢着拿灶上的瓢，舀起温热的水一饮而尽。

　　此时，手机在历经两天的无信号状态后，铺天盖地地收到好多条推送，几乎全是"好莱坞影星安吉丽娜·

朱莉与布拉德·皮特纠缠了两年的离婚案尘埃落定"的消息。双方就6个子女的监护权问题也达成了最终协议。

想起那时看《半生缘》，站在上帝角度的张爱玲冷眼看着情侣们的挣扎，借顾曼璐的口说出："离婚的意念，她是久已有了的。"

站在半山腰的我，环顾满山苍翠，知道这种意念，朱莉和皮特也是久已有的。他们说，离婚是因为带娃理念不合。有人质疑，雇有8个保姆的明星家庭也会有带娃困惑？

这个话题我想只有已婚女性才能理解。夫妻间的分歧，向来是一座冰山。

冷战够了，总会翻出陈年旧账，因为了解，狠话总直戳心窝，准且深。

谁都想以自己想要的方式掌控对方，但谁也不能真正改变谁。朱莉起诉的原因有：皮特长年吸食大麻和酗酒，甚至还有易怒倾向。

不难想象，一句"带娃不合"的背后藏了多少争执、怒气与冷战，爱并不能让两人白头偕老，想互相控制的双方最终败下阵来。

这段感情曾一度受世人谴责。

当时皮特尚未与前妻离婚。想当年，他与前妻也是天造地设的一对，但感情脆弱得令人无法想象，朱莉的出现，轻而易举地击碎了他们的婚姻。

当所有人开始接纳并给予祝福时，他们却对外宣称离婚。想必做夫妻的两人擅长相爱，也擅长让彼此痛苦。婚内沉浮数年，我们只看到了他们的出离叛逆，却看不清这段婚姻是怎样从热烈到凄迷，从每一个细胞说着爱到最后绝望逃离的。

其间温暖寒凉，大概他们早已尝遍。

相比在一段支离破碎的关系里撕扯，朱莉提出离婚且不要任何赡养费，让人觉得这可能是留给彼此最后的尊重。

2

女博士 W，当年遭遇车祸时被男友护在怀里，从那一刻起，她非他不嫁，10 年后却离了婚。

她说他太懒，每天清晨自己打仗般给孩子洗漱、做饭，整理书包，他却像只猪一样酣睡不起；周末期待他能帮衬一下，他却急着去加班，自己打电话过去，听到的全是牌声、笑声；他偶尔带一下孩子，过不了几分钟孩子就被呵斥得大哭……

晚上她拿起手机刷班级群的信息，生怕错过老师的只言片语。躺在另一边的男人却劝她没事儿看看书，别天天捧个手机，太俗。要么就是龇牙嘲笑她这一身肥肉，这令她火大。

她说："老娘说到底也是个博士，也想睡到自然醒，来杯咖啡，和闺蜜聚会，还不是你家务不干，孩子不管，琐事像山一样压在我身上。"她不满，因为自己付出太多。

如果有一天，你发现身边最令人羡慕的那对离婚了，不要吃惊，也别问为什么，因为刨根问底毫无意义。有的人，没有也可以；有的爱，原来很浅。

大多时候，婚姻失败，两个人都认为对方没有能力，没有用情，却不知在情感的世界里，爱是生命，关系犹如四季一般周而复始。只有一起从浪漫跌入红尘，历劫成长，关系才能稳如磐石，否则最后越发寡淡，只剩怨怼、冷落和躁动，毫无安全感。

这几天，李亚鹏在社交平台公开认爱惹来议论，让我想起离婚后，他在节目里提及王菲时说了这样一句话："从不同意到同意花了大半年时间，释然了。"

这个聊创业时神采飞扬的中年男人，被戳中内心的柔软时，一时间红了眼眶。

他用"失败"这两个字给前段婚姻做了总结。

仿佛在形容一场合作，看得重，却输得惨。

不是一个世界的人，与其在逐渐激化的矛盾中等待悲剧，不如决绝告别。一旦选择了继续，势必要学会忍耐与宽容，否则，摇摆之间，足以耗尽一个人的耐性与能量。

无论是在一起，还是分离，都要足够体面。

亲密关系像一把双刃剑，在一起时的美好，往往更能照出分开后的阴暗。有些人在分手后，不顾昔日情分，不考虑孩子的身心，在人性凉薄与自私中，对旧人直击要害。

这些年王菲过得很好，离婚后还能与李亚鹏一起带孩子过生日；伊能静逐渐稳妥，在前夫结婚时能送上祝福。

活得通透的女人，最清楚曾通体坦诚的两个人，拥有彼此的隐私、分享彼此的秘密，在一别两宽时，做到顺其自然，才能各自安好，才能不畏伤痛，才能踏过乱琼碎玉，笃定前行。

最怕你早早放弃自我

1

5 月是一个暧昧的季节，风里有栀子花的香味。

偏巧有好久不见的朋友来约，想起她的久病才愈，我自然挑了家离她近的咖啡馆见面。

她想念街边小吃，我给她背余秋雨的诗："更羡慕街边咖啡座里的目光，只一闪，便觉得日月悠长，山河无恙。"

她笑我中年妇人比少女还矫情，我回她生活需要仪式感，心中却想着不让她消耗过多体力。

那个下午，桌上放着几碟小点心，我们各自捧着一杯咖啡，嗅着那一丝苦涩的醇香。春夏交替的老街仿佛加了滤镜般美好，室内音乐轻拢慢袭，那种感觉触手可及。

不曾想，在沉默的间隙，无意听到隔壁两个女人的聊天。

"怎么办？我可能再也不会快乐了。"

"哼，男人没有一个是好东西。"

"真想找个地方把自己藏起来，谁也不见。"

……

我忍不住侧身看过去，刚好看到一个短发女孩儿指着对面的人说："你怎么穿这个跑出来了呀？"

另一个女孩儿毫不在意地说："怎么，这儿有小鲜肉等我？我打扮给谁看？"

原来在她眼里，打扮是给别人看的，她的挑眉与气氛格格不入。

女友笑笑，也讲起闺蜜的故事：

丈夫出轨，闹到要离婚。有一天，闺蜜请了她去家里诉苦。一进门就看到她红肿的眼，蓬头垢面，憔悴的样子，好友很为她不值。正在这时，她丈夫来了个电话，说要回家拿东西。

她火速起身擦桌子，扫地。然后她丈夫回来了，直奔房间取了东西就离开了。

她冲着男人的后背骂一句："又去找那个狐狸精。"好友很不解，问她："你刚才为什么要收拾房间？"

"哼，他有洁癖，见不得家里乱。"

好友指指她身上随便套上的衣服、腋下露出的腋毛和藏不住的小肚子，问："那你为什么不收拾自己？外面人的心思都用在研究如何吸引你老公的身上，家里恐怕还没你家干净呢。"

她放声大哭。

她也曾是个美人儿，只是在鸡毛蒜皮的日常生活中与高低起伏的命运里被埋怨与沮丧裹挟，渐渐地，美被消磨殆尽。她不再对自己负责，出了事总归咎为男人天性使然。

就像小区里那个150斤的女人扯着男人哭："你说我到底哪点不好？"

哪点不好？除了打麻将，追肥皂剧，就是和别人扯东聊西，趿拉着一双拖鞋从楼上到楼下，对孩子吆三喝四，对丈夫颐指气使，坏日子就像瘤子一样越积越大，最后总会让她疼到肉里。

2

这几个女性，很像那些在情感中受挫，婚后以家务、孩子为借口穿着拖鞋、睡衣就上菜市场，日常不事保养，还以糟糠之妻就是黄脸婆而自居的女人。

她们关注一捆葱的价格远远多于一支口红的颜色。

忽略自我，一味付出，往往容易被误会成对爱奉献。可惜这个世界上没有百分之一百的重叠，过度迁就对方，对方就会露出狰狞的面目，令你对爱的信仰就此坍塌。

央视女主播徐俐曾同丈夫开玩笑："我活到80岁还有人追哦，别人迷不了，82岁的老头儿没问题。"

虽然是句玩笑话，却透出了女人的另一重心思：不管活到什么岁数，都要保持美丽。这是她长久以来的想法，更是很多女人的想法。

她说，女人过25岁不再谈青春，过35岁不再谈年轻，过40岁，无论曾经如何花容月貌，都不再谈姿色，但女人可以永远谈美丽。

可是，很多女性似乎缺乏美到老的信心和追求，仿佛年龄稍长，就不该美丽了。

在很多人心里，优雅是精致的妆容、美丽的帽子，抑或是得体的举止、不俗的谈吐。

时尚杂志《ELLE》的前主编 Sophie Fontane 或许可以带你认识不一样的优雅。55 岁的她决定不染发，就让满头白发这么自然地生长着。很多人对她的行为表示不理解，认为这是她辞职后的自我放逐，她却乐在其中。

她最不喜欢听到的就是"男人不喜欢这个"。她说："首先，男人其实不知道他们自己喜欢什么；其次，你不能一辈子为了取悦男人而活。"

说这话时，白发也掩盖不了她的气场。她在 Ins 上随心所欲地记录生活的点滴，各种家居用品充满角落，日常穿搭以舒适得体为主，热爱摆 pose，喜欢自拍。那些不经心的好看，背后都藏着对生活的热爱。

她嗜书如命。一位在法国生活的文友告诉我，法国女人的包里或许没有钱，但一定有书。在巴黎的地铁上、巴士上，在餐馆里、公园的长椅上，很少能见到嚷嚷的本地女人，她们通常在神情专注地读一本书。

与她们不同的是，Sophie Fontane 还是个作者，已出版了十几本书，去年还在一本名叫《使命》的书里讲述了她祖母的故事。在她眼里，祖母是一个优雅的女人，对她影响很深。对她来说，优雅是女人送给自己并不昂贵的礼物。

大家都活在现实世界里，有些人对自己毫无要求，也有些人在泥泞中用尽心力一点点学习、打磨、修炼、成长，使自己的人生变得好看一点儿。

比起放弃美丽，更可怕的是放弃自我、认知失调。

在婚姻里，认知失调是一件无比可怕的事，它让一个女人的心智归零，再也无法独自保存体面。

3

中国女人最怕早早放弃自己。

因为我们成长不是为了求偶，不是为了博得男性的赞美，我们有权利展示生命的美丽，那是我们应有的生命尊严。

文字写得越多，我越认为："美好的女人怎样都会幸福，即使生活偶有不幸，也不会深陷于不幸之中，她们总有调节的能力。"

表面看来，优雅是穿衣精致、谈吐得体。其实真正的优雅是应对生活的能力，体现在能把那些妨碍生活的杂项去掉，能够更清楚地面对需求。

我的这位女友，也是一个勇敢的人。

这次约会，距离她做完早期乳腺癌手术不到一年。在我抱怨命运不公时，她反倒安慰我说这只是一个普通的小手术。

她本人根本不示弱。虽然手术后期能肉眼可见她的精力、体力被消耗，即使痊愈也要终生警惕复发，但她始终兴致勃勃，照样热爱生活，热衷美容护肤，搜集喜欢的布衣麻裙，甚至仍有余力关注我的写作这等杂事。

她崇尚"人不管生活在哪里，最终追求的是心灵和生活的安宁，有能力使身边人幸福，同时自己也觉得是被爱着的"的信条。

那天，我坐在她的对面，觉得人生没有什么好抱怨的，人活到最后，总要对得起自己才行。这句话，让人得学很多年。

好人生，从来都是缄默的、沉稳的。

那些骨子里自我生长的女人，一寸一寸丈量着明天的人生，时时努力维持着健康的体魄，尽量使自己的头脑充满智慧。她们外表得体，且灵魂丰富。

然后优雅地老去。

外面的世界很慷慨，闯过去就能活过来

1

我的前半生，幽居在小城里。虽说小城仲夏也是繁花似锦，但毕竟环境局促，格局有限，在这种氛围中谈人生的意义，总显得格格不入。看到身边的清闲夫妇，花时间去讨好各种人和经营各种关系，总觉得心有戚戚焉。

那时我的情绪极不稳定，我常因一点儿小事就发脾气，独坐便焦躁，无端狂笑无端哭，谁都能激怒我，我知晓根源，但悲哀的是摆脱不了。

所幸爱人有容人气度，我在讨了多次没趣后，自知最珍贵的是天边长风衣上衫，和枕边的这个人。从此我敛心收性，投身写作，跨界做自由撰稿人，过程艰难，除了被质疑，更多的是知识的匮乏，但我夜以继日地一字一句去打磨，最终给自己建立了一个文字王国。

　　两年后，我在大雪纷扬中远赴北京去签一个重要的合同，参加主持人陈鲁豫在首图的演讲，与出版社的主编面议新书名、封面……

　　因为下雪，行程被阻，车晚点两个多小时。在小站滞留了一个小时，换乘，我拖着行李箱、背着电脑包在站台随人流狂奔，在零下10度的站台被冻成狗，站在冷风里刷着虚幻的网络里报道的现实事件。

　　冷不丁有人发消息告诉我，××因为在朋友圈看到前夫再婚的喜帖，心理失衡，自杀未遂。

　　还记得那时她说她老公出轨了，她就离婚了，语气淡淡的，因她颇有才情，许多人愤愤不平，她却在覆巢之下保持仪态，笑笑说没事。

　　后来我几乎忘了这件事，却不知这些年她仿佛给自己罩了一层网，已颓废很久了，将自己困在旧伤口里，再也逃不出去。

关于"活着"这件事，很多人都在苟且折腾，但只要你不纠缠、不浪费，能接受生命中的不完美，有追求，懂自律，心里有爱，存善意，知感恩，总不会活得太坏。

法国电影《将来的事》中伊莎贝尔·于佩尔所饰演的那个哲学教授，也曾陷入孤立无援的境地，一番曲折后，她感慨道："当我想到小孩子都离开了，我的丈夫抛弃了我，我的母亲死了，我重新找到自我，完全的自我，我不曾有过的这种体验。"

世人都在怜悯她的寡淡凉薄，她却更愿意从关系的捆绑中解放出来，去享受自我。

2

年末，我跑了6次医院，因为我妈病了，70多岁的老人肢体健康，但人开始健忘、易怒并常出现幻觉。

烧坏了壶，丢了电梯卡，忘关煤气，最严重的一次，说门外有人监视她，她3天未走出家门，我才知道她病了。

阿尔兹海默症俗称老年痴呆，从医生办公室退出来，我的心沉到谷底，他说这种病起因隐匿，一半源于生理，一半源于心理，诱因是孤独与缺爱。

听闻这几个字，我忍不住号啕，但不得不承认，这几年，我忽略了母亲。她一直独居，白日琐碎事多还显得热闹，深夜孤灯方知形单影只。有几次我推门而入，看她坐着打盹儿，电视自顾咿呀，我埋怨她会着凉，却看不到她对我的渴望。

有人曾说自己对死亡的认识是突兀而残缺的。而我，早在多年前父亲离世时就体会过那种痛。葬礼上，我和姐姐抱在一起，发誓余生要好好疼爱母亲。

只是时间太过张牙舞爪，誓言在它的面前逃到无形。心再痛，情绪都要平复下来，因为日子还得过下去。

那时我姐创业，忙。而我那时厌倦人事，只沉浸在自己的爱好中，慢慢忽略了妈妈。她总说一切都好，在老年大学写字画画儿、唱歌跳舞，结识新伙伴，日子似乎重新活泛起来。

她偶尔来个电话，也是匆匆挂断。再后来，怕影响我，电话也没了，周六固定过来，待一会儿，又默默离开。同居一座城，曾经的日日陪伴变成了一个月两三次的照面。

我忘了岁月的残酷和生命不堪一击的脆弱，忘了她会老，更忘了我奋斗的意义。

老天残忍，让她骤然衰老，却也还有情，给我警醒，在她还未忘记我时，我还能去爱与陪伴她。

爱是心疼，是陪伴，是慈悲，是在漫长的光阴中去见证彼此的成长，是人世间最美好的修行。

3

两年前，我参加四姑娘山徒步团时，领队 S 却并不想要我。

我知道他顾虑什么，海拔 5000 多米的山脉，对于常人来说或许没什么，但对于刚做过大手术半年，在重症监护室躺过的我来说，实属太难，何况在他看来，我清瘦文弱，实在不是最佳驴友。

我告诉他为了这趟出行，我坚持每天徒步 10 公里，并拿出体检结果和多次低海拔徒步的照片。

行程比想象中的还要艰难，随着海拔升高，眼前所见从浓密树荫变成乱石纵横，山道上遇见被迫返回的徒步者，他们面色萎白，恹恹地吸着氧。有同伴开始怯步，S回头看看我，我微笑示意，除了轻微高原反应，我一切皆好。

我了解他的不安，为了不掉队我早起喝姜茶、听音乐缓解压力，登山时步子不疾不徐，跟在队伍后面。

我一直坚持到最后。回想3年前生活赠我疾病时，我怨过恨过，最后坦然接受，努力战胜它，是因为我知道命运从不会因怜悯而善待一个人，所有的奇迹都要靠自己创造，这样才能活得热气腾腾。

4

魑魅人间，悲苦横行。

时光总会尽所有力量摧残生命，让人一步步走向衰老与凋谢。只是在这个过程中，我们要学会绽放自己，尽可能做自己喜欢的事情。

"我立于深渊旁，却不跌入其中。"画家高更的这句话，似乎诠释了他的一生。他的身上似乎总有无法磨平的锐刺。向外，尖锐无比，感知高山深海，春华秋实；向内，敏感如触角，将自己紧紧抱住。

他常常仰望天空，一坐就是几个钟头，如果你随着他的目光向上看，不过是如常的蓝，强光似利箭一样射进眼睛，让人无法直视，但在他的眼里，却是"灿烂的青玉与蓝玉嵌成的天空，地狱一般的热灼而腐烂的天空，熔金喷出一般的天空，其中悬着火轮一般的旭日"。

经历过生活暴虐的人，容易觉得自己看透了人性和生活，更容易对人冷淡，对生活产生敌意，高更也不例外，他一边煎熬一边创造。

艺术上是，感情也是，你所能想到的疯狂的事，他都做过，与对方一见如故、写情书、同居、争吵、癫狂、分手、绝交，以及老死不相往来。

他说自己命中注定，只能一边拥抱一边伤害。

其实，所有人都如此，试图走在一个平衡的临界点，摇晃着去体验人生中更多的滋味，只要不坠落，就是成长。

这就是生活，好的坏的、不好不坏的、有名的无名的，其实全是泡影，不会持久的。走不出去的人，让那些过往盘踞心头，有时寄希望于别人的同情心来支持自己活下去，有时开闸让悲伤泄洪，逐渐地，悲伤成瘾。

那样太可怕，只会让自己惧怕人群，自怨自艾，热衷于向别人展示伤口，一次次撕开正在愈合的伤口。

走出去的，好像周迅在电影里唱的"外面的世界特别慷慨，闯出去我就可以活过来"。然后敛冷于眸，藏拙于心，带着沧桑和小欢喜，笑着走下去。

哪怕将来有个情敌，你也要比她美

1

　　七天路过曾写过一篇文章形容作家美亚是百变妖精，因为这个嫁为港妇的女人拥有无数头衔：口齿伶俐的社交达人、风情万种的时尚野生网红、笔耕不辍的特约记者、安心育儿的美貌辣妈、苛责自持的自媒体写手、会甜嗲贱的温柔娇妻、不懂婉转应对的良心闺蜜……

　　美亚有真性情。

　　别看她现在顶着网红博主的名义混迹于香港的时尚圈，和政治大佬、商业大佬们举杯畅谈，采访蔡澜、倪匡时谈笑风生，在上海时装周大搞事情，活出了精致女人的样子，其实她以前也有过慵懒、颓废的时候。

她毫不顾忌地在朋友圈和公众号的一亩三分地里贴出自己当年生完两个孩子后肥到肿，侧头做采访时含胸驼背歪脖子的丑照，坦荡地对比自己如今的马甲线，给同性传授那是靠饿死加累死换来的经验。

美亚刚结婚生子时贪恋舒适区，心里的那根叫"美"的弦一不小心就松了。一度胖成球，用"没关系，老公又不嫌弃"来自我安慰；初为人母执念于母爱，人变得懒散，用"没事儿，老公有高薪，婆家还有两套房子在出租"来自我开解……

直到她不偏不倚把第二个小宝宝也喂到 8 个月，断了奶，想出去溜达溜达，看看久违的世界时，翻遍衣橱，竟连一件合适的衣服都没有，才意识到自己这样是很衰的，需要自己给自己找点儿虐。

她迅速健身瘦身，重拾人脉，重出江湖，坚信人生"譬如朝露，去日苦多"，就应该把有限的美色投入到无限的欢愉中去。

她保持两种能力：一种是单身力。对男人不双标，只有对亲密关系让步的宽容共情，因为独立，所以尊重，有接受对方的付出的底气，因为独立，所以自己还得起。

一种是事业心。虽然采访稿、专栏一大堆，但她每年要逼着自己在自留地写一点儿不太擅长的东西，让自己受受打击，有点儿焦虑感，以保持生长姿态。

如今，34 岁的她依然崇尚"人可以老，脸不能垮"的信条。

她所认为的美，没有上升到精神的成分，仅仅指皮囊的色泽。

不是指穿什么、用什么、戴什么好看，而是看内脏是否健康、气色是否好、皮肤是否紧致、腰围是否纤细、脖颈是否挺直。

为了美，她运动、节食，考普通话，练形体，甚至 30 多岁还戴上了牙套。她在饮食上严格要求自己，清淡、少量，就算出门度假，她吃的也是旁人看着就倒胃口的白水煮鸡肉。

日本作家大宅壮一说过："一个人的脸就是一张履历表。"

中年女人，脸上不可能再有小姑娘的水灵和清透了。但努力生活的美亚们，即使青春不再了，脸上也写着美好。

遇见每个时期的自己，活成一生中最笃定的样子。

2

重刷经典电影《日落大道》，我深有感触。

50岁的女演员诺玛，在曾经的风华绝代中慢慢凋谢，她却依然活在往日辉煌和自欺欺人的世界里，留恋着曾经"五陵年少争缠头"的盛景。

她曾经有多美呢？

她的老司机回忆道："一周内能收到一万封影迷来信，有一排房子那么大的化妆间，一年收入百万美元，在富豪云集的日落大道拥有一幢豪宅。"

那时的她是世上最受宠爱的女人，但随着人到中年，一切都被毁掉了。不甘心的诺玛在房间里摆满了年轻时的剧照和肖像，企盼有一天能东山再起。

昨日惊艳枝头，今宵萎顿泥尘。

拼尽一生，到头来却被人忽视，未得真爱，谁之过？

寂寥的诺玛慢慢倾心于一个穷编剧，留他住下，给他提供舒适的环境写作，用金钱和自以为是的爱把他"软禁"起来。

但那个男人转身却和另一个美丽的女子相爱，两个人打得火热。

得知了他的"背叛"，她卑微地哀求，却挽不回他渐行渐远的心。终于，她举起了枪对准了要离开的男人。

由痛苦通向幸福的道路是什么？

叔本华说，只有智慧。

但很多女人和诺玛一样，固执地认为自己老了，不配拥有幸福，却不知真正的美，和名利、相貌扯不上关系，内心的东西，谁也夺不去。

3

亲爱的女性朋友们，不要以为已婚女人就可以借岁月静好之名而放任自流，任由红颜衰退，身材暴肥。

我们应当带着饱满的自信和全新的理念，找到正确打开自己人生的方式：见缝插针，想方设法挤出时间去喝个下午茶，K个歌，护个肤，做个Spa，当然还要读读书，充充电。

哪怕将来有个情敌，你也要比她美吧？

我再讲个故事。

何何是一家企业的高管，因为过度拼搏患上了甲亢，她选择休息，放弃了曾经为之努力的工作。

一闲下来，她就感觉到了人生停滞、精神空虚。尽管物质基础稳定，日子却越过越平淡，她开始焦灼，怕变得庸常。那种步入舒适区后好像一切被凝固，甚至下沉的感觉，是尚有追求的女人所无法容忍的，她担心舒适区里隐匿着深渊。

　　她忽然发现和老公很久没吵架了，因为他们很久没有说话了，她才意识到昔日的光芒在他的眼里渐渐消退。

　　她甚至发现老公的手机经常收到莫名的信息，虽然知道老公是个正经男人，但外面的精彩却容易让人心猿意马。

　　她不动声色，沉下心来接触理财产品。她开始学习理财，请教银行的朋友，在摸索一段时间后，她居然为孩子积攒了一笔不菲的教育基金。

　　她才知道，中年以后再认真做一件事，生命仍然会有活力。看着丈夫重新变得温暖的目光，她意识到自己又是一座独立的岛屿了。热情一经点燃，内心的绿荫开始复苏，郁郁葱葱地覆满曾经的荒芜之地。

　　精神得到无上满足的她开始重拾运动，整个人热烈不羁，焕发光彩。

　　不久前，她和朋友出去玩儿，被讨教怎么越来越年轻了。

她觉得，内心少了忧虑，人自然就年轻了。

对于幸福的追寻，女人的感受比男人会更敏锐一些。在现实的际遇里，女人常常要面对更多的磨难，拼命在情绪的泥沼里挣扎，穿透生活表层的脆弱，抵达内心的安宁。

心坦然，则光阴安暖！

李娟在新书《走夜路请放声歌唱》中深度挖掘了自己关于童年、成长与悲伤的前半生。这个在艰苦环境中长大的女人，对世界感受的敏锐与细腻度早已超越了普通人。

她写80多岁的外婆一边捡垃圾一边每日接送她上下学，每天来回的路上，用她漏风的牙齿给外孙女唱歌，日子清贫却充满了快乐。而妈妈也是一个非常有趣且独立的人：每天和女儿天真且幽默地对话，将罚站的女儿带回家亲自指导，梦想把小卖店开到世博会上去……

而她自己，喂狗、放羊、操持家务，开过杂货店，做过流水线上的工人。她笔下的阿勒泰，简直是一块既浪漫又充满艰辛的西域宝地。

往事如浮云退后的山峰，清晰如画。

她一边默默成长，一边蜕变，终于成为那个内心激情涌动，又能开出美丽花朵的人。

4

一个人的生活态度总会反映在脸上、身材上、办公桌上与家里面。

只有心不会被压垮的女人，才有心情去整理房间、修饰自己的容颜，注重精神的丰盈，创造充足的物质，常常在困难与苦楚中找寻意想不到的乐趣，并让这种乐趣滋养生活与心灵。反观那些容易厌烦、心生失望与不耐烦的人，整天不自在，想摆脱却不得，看着永远都很累，只能纠结地过一生。

面部柔美的人，大多有这几种心态：

心怀感恩，懂得知足。

人都有欲望，适当的欲望能让我们去争取过上更好的生活，但欲望过了头就容易变成负担，让自己的心态不再平和。要知道一个人最大的烦恼从来都不是拥有太少，而是想要得太多。

不羡慕别人，不计较得失。

别人的日子与我们一点儿关系都没有，你永远看不清他们的生活究竟是什么样子，也许光鲜的外面是加了滤镜，而经营好自己的每一天才是最重要的。

懂得善待和取悦自己。

取悦自己是发自内心的接纳和认可，所以要学会肯定自己，学会包容。如果连自己都怀疑自己，又怎能获得真正的幸福？

这一生，我们得到、失去，遇见、离别，来来往往，更迭交替，生活没有想象中的那么好，但也没有那么坏，毕竟人生最重要的并不是所处的位置，而是所怀的心情和明确的方向。

大部分人缺的不是钱，是对美好生活的向往和追求，以及它们所激发出来的热情。

有些"丧"，再熬一熬就过去了

1

　　我一度以为，想自杀的人大多是沮丧的、狼狈的，其实不然，有一个人打破了我的这种观念。

　　她的性格非常开朗，她平时特别活跃，捧哏逗笑，无所不能。某天，我们私聊，聊到网上那些想不开的女人，她突然发来一串流泪的表情，打了一行字："其实，我也有过不想活的时候。"

　　我震惊，甚至无法理解，她的家庭看起来温暖，自身也足够优秀，人生圆满，有什么事会让她想死呢？

她藏了很多心事：

丈夫虽然是单位的最高学历人员，混了半辈子，却仍是普通技术人员，她认为比同龄人差得太多；对丈夫失望后，她将重心全部转移到孩子身上，谁知一向听话的孩子上了初中以后，变得甚是叛逆，不听话，经常顶撞家人，她不敢说不敢管，生怕孩子有什么偏差，只能在深夜里暗自流泪；她一向兢兢业业地工作，本以为熬到科长退休，自己能顺理成章地顶上去，谁知科长的职务被前年才考进单位的一个年轻人代替；一向身体健康的父亲，竟忽然一直发高烧，她打起精神带着父亲去检查，楼上楼下跑了无数趟，拿到检查结果后，她躲进医院的顶楼，一个人坐在水泥地上，涕泪滂沱……

这所有的一切，压在心头沉甸甸的，她一度焦虑失眠、心碎。但哪怕一夜无眠，白天她也会在外人面前强颜欢笑。她一边笑着活，一边却想寻死。

深夜异常清醒的她想了无数种死后的样子，对亲人的嘱托，对父母的安排。

她经常对着安眠药瓶子发呆，被老公看在眼里，偷偷地将药换成了维C；有时半夜醒来，站在17层的高楼上，看着满天星斗，幻想着跳下去时会不会像一只大鸟……

直到那夜，丈夫走过来牵着她的手走回去。心里苦的人，别人给的一丝甜就足够了。爱人的体贴与无言的尊重，老人的病趋于稳定，孩子也慢慢转性，才让她觉得生活重新有了盼头。

2

关爱，有时能挽救一个人。

那些因活不下去而自杀的人，往往能扯痛我们最脆弱的那根神经。

我们为一个个生命提前离场而感到痛惜，有人提出疑问：为什么要轻生？到底有什么坎儿过不去，让他们放弃生的权利？

自杀的理由有很多种：想要寻求他人的关注、为了报复、为了减轻或逃避痛苦，以及来自生存的压力和重大损失，让他们认为自己再没力量去应付生命了。

贫穷和孤独、挫折和坎坷，看不到的希望，没人温暖，没有价值感，种种无助和焦虑，可能都是自杀的原因。

毕淑敏老师说过这样一段话："我相信，大部分人都想过自杀，比如我自己，我并不觉得这很奇怪，人人生命中都可能有这样一刻，我们在考虑现在的生活还值不值得过下去。"

成年人的生活向来残酷，虽然看似光鲜，一旦剥开璀璨的外衣，每个人的内心都布满伤痕，每个人都虚弱不堪。但有人学会了掩饰，此处借用一句网络名言："自打学会了微笑，表情和心情就再也没有关系了。"有些人学会了哭着笑，笑着绝望，就是没学会好好活下来。

却不知，有些艰难熬一熬就过去了。

那些曾在生死边缘徘徊过的人，转过身，回来继续生活，就会明白只有接受这个不完美的世界，才能直面自己。

快乐和悲伤是我们与生俱来的权利，别为了满足这个世界而辜负了自己。

关于"活着"这件事，"死亡"似乎才是最好的老师。

某辩论选手曾在《奇葩说》中自曝在医院查出甲状腺恶性肿瘤和淋巴结转移，"恶性"，即癌症。

那个永远嘻哈着和大家开玩笑，乐观又开朗的圆脸儿姑娘，转眼就成了绝症患者，36岁，却面临死亡，她紧张、担忧、害怕、迷茫。

她自述，在患癌症之前，自己是个生活作息非常不规律的人，晚睡晚起、熬夜通宵是常态。她和很多人一样，深信灵感只在深夜迸发，工作只能熬夜完成。她以为晚睡没什么，反正自己年轻，有的是时间和精力。

生命之河流淌着，曾对健康漫不经心、对生命傲慢的年轻人，在死亡面前忽然就变得务实谨慎起来。

做完手术之后，她用不着医生逼、家人催，改掉了多年熬夜的陋习，放下曾经的心结和偏见，每天坚持锻炼、读书、静坐，学着早睡早起……

未知生，焉知死？

最极致的彻悟，就是明白最珍贵的是在今天，最好的生活是此生，好好活着，用心去体会生命短暂的美好比什么都重要。

生命是仅有一次的狂欢，只有此生，没有来世。

3

两年前，导演胡波自尽而亡，年仅 29 岁。

他在楼道里系了一根绳子，把自己挂在了上面。

他走得无声无息。

4个月后，他的《大象席地而坐》带着震撼的长镜头，压抑又残酷的诗意影像语言，被提名柏林电影节"最佳处女作奖"。

这个考了好大学、写了拿奖的小说，这辈子足够努力又才华横溢的人，为什么结局这般苍凉？

在胡波眼里，拍自己想拍的电影就是幸运，其他都可以不管不顾，所以他拼了命地要考北京电影学院，为了看一片叶子坐火车走两千多公里，为了一个细节和老师翻脸。因为他只在乎电影本身，所以这辈子都不懂怎样与人相处，不懂妥协，不懂讲故事包装自己。

这份执拗，让他在经历拍电影与写小说两次失败后，开始怀疑自己当初的选择。

他开始用写作来逃避现实，写作之余彻夜打游戏、喝酒、抽烟，头发大把大把地掉，一夜一夜地失眠。

那份绝望，旁观者是无论如何都体会不了的。

记得《人物》采访他时问道："你心中理想的生活状态是什么样的？"

"现在我28岁了，十几岁时还奢望理想的生活状态，现在不这么看待这个问题了。压根儿不存在理想的生活状态，就是你要选择具有哪种缺憾的生活。"

生活不完美时，他选择离去。

生命终究是自己的。

各自的好与坏、幸运或厄运、悲或喜终究要由各人去认领。那个年轻的辩手认领了曾经对身体的消费与透支，胡波则认领了半生的才情与落魄，一不小心，撒手远离了红尘的功名利禄。

这个时代很焦虑。

因为焦虑，所以有人放纵，有人生病，有人寻死，还有人戴着耳机听歌听到耳朵痛，躺着看视频看到眼睛疼，手机玩到没电了，头晕想吐了，说："我不是什么悲观主义者，只是有时候真的感觉自己孤独得像条狗。"

孤独也好，悲伤也好，熬一熬也就过去了。

真正值得惋惜的从来不是人的死亡、生病、破产，以及求而不得，而是人失去自我后便失去了活下去的能力。

4

生活里有很多"丧"：

一次死去活来的爱恋，一场心有余悸的病痛，一段糟透了的感情，一份忙到焦头烂额的工作，一些永远应付不来的闲事和烂人……

生命绵长如丝，又短如白昼。

缠绕得错综复杂，又简单到只论生死，虽说除了生死都是小事，但总有人陷在一些小事里拔不出来。

人，最悲哀的地方在于在最糟糕的时候心里生不出任何期待。其实，当所有糟糕的事情都已经发生时，更能慰藉我们的反而是一些小确幸，笑脸、暖阳、碎光……这些细碎的欢悦，让人宽恕了千般压力、万般凄凉。

所以，36 岁的辩手希望未来活泼健康，活得踏实稳妥一点儿；而生命定格在 29 岁的胡波，如果能看到好友伤心地缅怀自己，看到替自己上台领奖的蹒跚的母亲，会不会因为自己草率离去而心生难过？

生命只有一次，愿你再熬一熬。

从此，你健康快乐，生活圆满甜畅。

辑四

不想认命，

那就拼命

你的独立，就是底气

江湖路远，女人有义

1

提起"江湖"，我瞬间想起《武林外传》里的大嘴郭芙蓉。

还记得她跑出来混江湖，最大的原因是不愿拼爹。作为京城四大神捕的师傅、六扇门头领的千金，她一心想要独立，希望他日现身江湖时，别人介绍郭大侠时说一声："这是女侠郭芙蓉的爹。"

后来她留在了同福客栈，不过是想明白了"有人的地方就会有恩怨，有恩怨的地方才是江湖"这句话的含义。虽然没跑那么远，但侠义之心始终存于她的心间。

"有人的地方就有江湖"，斌哥当年也是这么告诉巧巧的。

贾樟柯导演在《江湖儿女》里一如既往地运用令人窒息的快感"虐待"观众。他用"江湖"的画面表现出大时代里小人物情感、命运的起伏跌宕。

影片足够真实，虽然真实到残酷，但这份残酷里又带着些许情义、担当和成全。

这些美好的品质，几乎全部出现在主角巧巧的身上。

巧巧是斌哥的女人。

斌哥是个混江湖的人，一个"混"字就说清了他并非真正的江湖侠客，不过是一个在小社会里追逐金钱、名利，用征讨的方式来确认自己的存在感和价值的莽夫。

他谈论着五湖四海，讲着肝胆相照，那时跟在他左右的巧巧，心里想的却是未来两个人的小日子。

到底是大哥的女人，她会抽烟、喝酒、骂人，也会来事，带着狡黠及心机。

谁也想不到这个女人能在男人遭围攻时，那么有血性和胆量，掏出男人违法私藏的枪，下了车，冷静地向天空放了两枪。

顿时整条街都安静了。

她救了男人，却被警察盯上："谁的枪?"她木然又坚定地回答："我的。"她为男人顶罪，因此坐了5年牢。

所有人都说她有情有义，江湖儿女不都是这样子吗？

前半部以男人为主导的江湖故事结束了，后半部贾樟柯导演才开启要诉说的儿女故事。故事描述了一个男人和一个女人的情感纠葛，轻描淡写地划过了女人的17年。

为男人坐了5年牢的女人，出狱后迎来的是男人的背叛。

她没有过分苛责，只是转身离去，毕竟各有难处。多年的跌倒爬起后她走得越来越稳，可是，平静的生活再次被前任打破。

当他坐着轮椅出场时，巧巧并没有怨恨地推开他，反而尽力照顾他，痊愈后，他再次离去。

她并不在乎，日复一日的磨难让她整个人变得充满智慧和侠气，这样一个女人，让她如何哭哭啼啼地说出"你要为我负责"的话？

所以贾樟柯导演说："过去我们觉得义气是男人之间的事情，但其实女人的义气有时候比男人更纯粹，她们不会考虑更多的利害关系。"

<h1 align="center">2</h1>

《老炮儿》里六爷的女人话匣子也是如此。

在一群雄性荷尔蒙爆棚的爷们堆里，她像野蔷薇一般扎眼。她是六爷的红颜知己，是有着浓浓的江湖气息的酒吧老板娘，每天懒洋洋地掐着腰儿，宛若蛟龙游进玻璃门。她叫骂、爆粗、崩溃、风情万种，抽根烟都极尽撩人姿态……

六爷是她心中的英雄，她窝在沙发上跟六爷的儿子晓波聊起六爷当年的事迹时，眼睛里溢着满满的崇拜。

为了凑钱救孩子，她义无反顾地拿出压箱底的钱；调查小飞的底细时，她四处打听；六爷病重时，她跑前跑后，柔情安抚。她有满腔热血，知道六爷要去赴死，便竭力帮他完成最后的心愿。

六爷的事，她都管。哪怕人到中年，她依然跟着六爷闯荡江湖，可始终等不来一个名分。

还有《甜蜜蜜》里，那叱咤一生，最后客死唐人街的老大，在美国认尸时，只剩下那个用半生傻傻追随他半个地球的女人。

这种义气与武侠小说里描述的那种无关，与男人的道义更是风马牛不相及，这些都是编剧虚拟出来的小江湖。而现实生活，泥沙俱下，痛苦拳拳到肉，浪漫一文不值，女人只能被命运推着向前，走向未知。

女人式的义气，透出来更多的是一种骨子里的修为。

3

其实，不管是郭芙蓉心里的江湖，还是贾樟柯导演镜头下的江湖，不过是呈现了民生百态，大家在充满了烟火气息和爱恨情仇的生活里挣扎。

在西方的好莱坞电影里，007们时刻警惕身边的"邦女郎"，她们看似妖艳却暗藏心机。

中国则不然。"大王意气尽，贱妾何聊生"，英雄落难时，往往最后唯一可托付的，就是身边的女人。

从《史记》开始，荧屏故事里就充满了美人追随英雄的桥段：《霸王别姬》中的虞姬，《长恨歌》里的杨玉环，《色戒》里的王佳芝，《喋血双雄》里的珍妮……

哪怕是《金瓶梅》里被冠以荡妇之名的宋惠莲，在丈夫斗殴被人打死后，还是想了办法差人捉拿了凶手，问成死罪抵了蒋聪的命。

夫妻一场，有过背叛有过交易，却守住了最后的底线，再贪慕虚荣，但她仍有良善温情的底色，这底色与义气同在。

相比男人，女人的情永远大过义。因为在大男人的世界里，金钱、地位、权势更重要，而女人，有情就够了。你看巧巧，一直记得男人因她想吃烧卖，可能转身飞奔很远去给她买的事情，并因此而感动。

巧巧出狱后问他："我还是不是你的女朋友？"

那个曾赫赫威风，动辄搬出关二爷剖白江湖良心的汉子，面对一个有情有义的女人，突然心生胆怯。

巧巧反倒替他解围，不哭不闹不逼，只要他亲口说出缘分已尽，便体面离去。这就是侠女吧，为爱，奋不顾身，为情，入了江湖。

终是应了"江湖是男人的，最终，也是女人的"那句话。

30 岁以后，你能有什么样的选择

1

3 年前，我参加过一场由北京 10 多家杂志社联合举办的年会。

其中某杂志社一直负责和我联系的 M 编辑辞职了，她很细心地将我介绍给接替她工作的编辑。当时，纸媒开始不景气，很多老员工纷纷转型，留在原地的也大多将杂事推给新人。

那是一位刚参加工作的小姑娘，整个过程她充满激情，从接待到安排，完全不嫌琐碎，努力表述各个栏目调整后的风格。

我问她："现在纸媒已不景气，依你的条件完全可以找到更好的工作，你怎么不转型？"

她说："如果杂志社还像过去那样辉煌，我未必能有机会入职，虽然工资没那么多，但至少发得出。再说了，我还年轻，先积攒几年工作经验吧。进这家杂志社，也算实现了年少时的心愿。"

那时，我觉得她一定会成功，因为她身上没有现在的年轻人身上常见的浮夸，她知道自己想要什么，且预备一步步实现它。

今年4月，我接受一家自媒体的邀请去做活动，很意外地和她再次相见。这时的她已是这家自媒体公司的中坚力量了。

看得出她做得很开心，比起曾经的稚嫩，现在的她显然成熟许多，侃侃而谈时像极了成功女性。

谈起已关闭的那家杂志社，她依然充满感激，那个离职的编辑留给她很多机会和人脉。转战自媒体时，以往的经验给了她很多底气和加分值。

追求极致，但不走极端，她用自己的一点儿执拗去追求想要的人生，带着想法和规划，步步为营。

有位做职业咨询的朋友给我分析过咨询案例。

她说，30 岁以上的咨询案例高达 38.5%，意味着每前来咨询的 3 个人中，就有一人处在离职或转型的边缘。

他们的共性是：现有的薪资收入不理想，干下去也看不到升职加薪的希望；现有的工作烦琐且枯燥，坚持下去不知是否能提升自己的职场竞争力。

其实，所有的忧戚无外乎是，站在 30 岁的路口，到底该铤而走险还是另辟蹊径，抑或是等待社会发展规律的审判？离职或选择新出路后能否比现在过得更好？

时间不可逆转，对很多女性来说，30 岁是令人恐慌和不安的年纪，自己不仅面临容颜初老的危机，还要面对职场上进退维谷的局面。

2

我们在青春的道路上不断地尝试、探索，想要做自己未做过的事，甚至有时盲目、任性，总觉得前方有无限的可能，旷野在足下无垠，地平线无边无际，总有一轮红日喷薄升起。

那时，我们总单纯地认为，职业规划就是终身制的，但现实是，凭借一份职业安稳做到退休的时代已渐成历史。

对于想要转型的人来说，最主要的难点在于，机构内部体系较为封闭，如果自己缺乏规划意识，又没有经验和能力，那么到了外面就很难用上在原先的工作中所学到的知识。

其实，之所以产生这样的难点，有两点原因：

一是活在自我封闭的世界，不愿思考，也不想花时间和精力去探索自我职业发展之路；二是总在观望其他人，同时不肯认可对方，更谈不上总结规律并加以运用了。

女性早就过了只展现柔弱无力的年代，如果想做就去做，知识和自我认知要迭代，行业不是问题，重要的是方式方法，底层逻辑都是一样的。

3

她叫范海涛，一个有着男孩儿名字的女孩子。

那年进中国最大的报社做财经记者时，她才 22

岁，那家报社的录取率不到千分之一，她还能记起第一次拿到单位给自己印的名片时自己欣喜若狂的样子。虽然经过 10 个月痛苦的实习才转为正式记者，但每次采访时，一拿出来名片，对方的眼神儿立马变得不一样了，仿佛知道她的单位是比北京大学还难进的地方。

24 岁那年她就买了车，常常搭着记者朋友从一个发布会跑到另一个发布会，车里播放着音乐，大家聊着商业精英的八卦，点评上市公司的报表，享受着北京的阳光。

那几年，她在北京城见识了各式各样的精英，和他们进行谈话，也曾和同行们一起围堵柳传志，逼问张朝阳，堵得网易公司的首席运营官每次见到她总是感到缺氧……

人生逐渐稳定，神经也逐渐放松，3 年的时光就这么晃晃悠悠地过去了。

她在以为自己已经接受看得到结局的未来时，忽然心生厌倦，厌倦每天响个不停的电话，厌倦源源不断地接收各种发布会邀请的电子邮件，厌倦各种以社交为名的应酬……

看到身边有很多朋友忽然从名校毕业，她的心里有说不出的滋味。她虽然也曾在快乐的日子里有过出国的念头，甚至参加过两次新东方的雅思培训，可是都无疾而终。对此，她感到羞愧。

她开始清醒地认识到，20多岁时，第一次出现困扰自己的问题时，如果选择逃避，那么30岁以后，当它们卷土重来时，自己只能步步落败。

30岁那年，她考入了哥伦比亚大学。

从来没有一件人人称羡的事是轻而易举能做到的，但凡你看得到的容易，都有一个人玩命拼来的个人价值在托底，在加持。

选择前谨慎，选择后负责，大概是一个人给予自己人生的最佳答案吧。

4

30岁，可能是一个人成长的最后的最佳时机。

你已不再年轻，错过这个时机，社会也不会再以包容的心态去原谅你的年少轻狂。因此，如果你在此时走错一步路，可能在未来就算付出10倍的代价也弥补不回来。

不论你只是想找一个谋生的饭碗，还是渴望在职业里实现自我，甚至消极地接受命运的安排，一个不容忽视的事实就是，职业将会在我们的一生中陪伴我们很久。

你与职业的关系，会严重影响未来生活的状态和质量。

年龄限制对女性极为苛刻。虽说如今很多女性达到了兼顾事业和家庭的两全其美的状态，但这种平衡对于大多数女性来说仍然很难。

生下女儿那一年，马伊琍刚刚 32 岁。

当时的她和许多孕育了新生命的母亲一样，一度放弃了工作，全身心扑在女儿身上，不管是谁，都不能阻止她当一个好母亲。

她的父亲看到马伊琍对孩子的执念，十分担心，于是劝她，女人一定要有工作，一定要赚钱。

跟父亲谈过以后，她也意识到，当母亲不是女人的一切，不能为了做母亲而放弃自我。

她开始明白，她的价值不仅要体现在家庭里，更要体现在自己的世界里。这样才不会被世界淘汰。

她复出拍戏，比生孩子前更努力。她已经用行动告诉众人，真正有智慧的女人应该如何驾驭自己的人生。

　　30 岁以后，你不再是青春少女，也要被迫放弃幼稚，逼着自己学会成熟，因为你是妻子、是母亲、是女儿，更是独立的人。这些身份的转变，你开始可能会不习惯，但是到后来你就会坦然接受。

　　无论是体力还是精神方面，女性都需要大量的投入。如果生了孩子，再回到职场，很可能又要面对职业生涯的一个低谷，她的同龄人可能已经有了很高的职业成就。

　　如果发展不顺利，内心会充满自我怀疑，感觉自己无能，且常常觉得很孤独。

　　30 岁这个阶段是女性面临的一个关键阶段，在这个阶段女性越能对自己的人生做出一个清晰的选择，那么 40 岁以后面对困境的可能性就越小。

　　因为 30 岁以前，女性依仗的是年龄和精力；30岁以后，负重前行，拼的是一个人的抉择力和意志力。

　　时光在流逝，人也在前行。

　　所以，了解自己的内在，拥有自我认知，明确自己所扮演的角色、所处的地位，确定自己更合适的发展方向，再有针对性地去补充知识，提高技能，是你在 30 岁时，最需要做到的事情，未来的选择关乎着我们的热爱、热血和尊严。

　　做出正确的选择，30 岁以后，你才能走在最合适的路上。

一个人也能活成一匹野马

1

在成人的世界里，能拥有自由快乐相当不易，有时，我们没能活出理想的自己，不过是忘了打开思想的镣铐与生活共舞。

人们常说，女人容易被社会和身边人绑架，因为从小被教育要当贤妻良母，到了一定年龄就要结婚生子。其实，只有内心不自由的人，才会被这一切束缚住。

我有一个读者，年逾四十依然未婚。

过了 25 岁仍然单身的女人，会被身边人轮番上阵地唠叨，被催促快点儿嫁人，大抵常人对幸福唯一定义的指标是婚姻。

但我的这个读者活得甚为愉悦。

不结婚等于不幸福吗？当然不是。

她的生命中出现过对的人，大学同学，品学兼优，对方认真地追求了她一年半，他们一起上课，一起吃饭，假期时一起出去旅行。大学四年幸好有他照顾，随着毕业季的来临，这份感情无疾而终，偶尔想起来，她还很留恋。

拥有过美好，她也渴望结婚，但相比婚姻的形式，她更渴望像初恋一般称心如意的爱情。

她知道，关于她的私生活，坊间一直有着种种猜测。

最善意的说法是，她是一个独身主义者；最体贴的说法是，她因为忙事业把爱情耽误了；最恶劣的说法是，她的身体和心理都有疾病，她被男人抛弃过。

但她不在乎，你给我贴上什么标签，我都无所谓，因为这些标签根本不会出现在我的生活中。

她对人生的认知是：最美满的状态应该是拥有好的婚姻，如果无缘遇到好的婚姻，那就好好经营一个人的生活。

如今她用心经营一个彩妆品牌，多挣钱，保证未来衣食无忧，把生活也安排得妥帖，闲下来就去周边城市转转。她身边并不缺男性朋友，一起聊聊天，吃吃饭，不牵扯情感和金钱，没有千丝万缕的联系，反而相处洒脱。

她依然相信爱情，却无须用婚姻去证明。因为一个具有单身能力的人，才能面对自己最真实的样子，有资本去构想未来。

一个人活成一匹野马，那又怎样？反正又不犯法。

2

女人获得幸福的方式有很多种，但其中一种就是：要知道自己想过什么样的人生。

那个下午，S. H. E 发布了出道 17 周年的纪念新歌。

发布会上，她们各袭白衣不染尘埃，早已从青涩少女成长为熟女。3 个女生在 17 年前因为唱歌改变了各自的轨迹，每个人都经历了不同的人生。

Hebe 是三人组中最内敛的女生，好看的她总有各种绯闻，曾因为三人行中只有她没结婚，被诽谤是同性恋，不爱解释的她承受了很多委屈。

被称为假小子的 Ella，在感情里却很小女人，然而给别人带来很多欢笑的她，却曾因为压力过大而患上抑郁症，她爱过渣男，被劈腿，后又与其和好，却没逃过分手的命运。

而 Selina，是一个温柔爱美的小公主。一心想当贤妻良母的她却在拍戏时遭遇爆炸，身体被严重烧伤。她忍着疼痛进行修复治疗，身上却依然存在伤疤，结婚，又离婚，在相亲节目里被比自己小 12 岁的男生示爱……

17 年的岁月，不长不短，一颗心在灯火阑珊处徘徊，终于明白，拥有时学会放下，倔强里学着和解，害怕中学会深情，才是对自我的重塑。

她们如今一个单身，一个离婚又再度恋爱，一个做了母亲，情感上彼此依附又各自独立。

如今，Selina 走出了毁容与离婚的阴影，与一个优秀的男人甜蜜恋爱；Ella 早已结婚生子，变成了温柔的妻子和妈妈；Hebe 虽然还单身，却成长为独立女王……

人生的经历和生活的层次，谁都无法轻易定义。

所有生命都是沧海一粟，承载了太多的情非得已，聚散离合，不甘心也好，不情愿也罢，无奈始终存在。你要尊重自我，尊重生存法则，找对方向去飞。生存游戏里，飞好了，你是真性情，飞不好，很可能就是一步险棋。因为放飞自我，不代表放纵和欲望，它是自由和快乐，也是勇敢和自律。

很多女人过得不快乐，因为性别，在现今社会结构中，女人注定会面对很多无奈的问题。内心焦灼、心慌意乱的女人，注定没有勇气用力地爱和生活，一切都会走向悲凉。

那些真性情的女子，所处的天地更宽阔、更自由。一颦一笑，皆是风骨；一招一式，全是性情。

请用自己喜欢的方式过一生。

亲爱的，你需要一个闺蜜

1

很多男人认为女人之间并没有什么真正的友谊，理由是女人善妒。

关于善妒心，钱钟书先生曾在文里戏言："譬如一个近三十岁的女人，对于十八九岁女孩儿的相貌，还肯说好，对于二十三四岁的少女们，就批判得不留情面了。"

原因无非是后者与她们年纪相仿，一旦相仿便会不由自主地产生一种被放在同一台面上一较高低的心理，暗中角逐的较劲就形成了。

嫉妒自古皆如此，物种的进化并没有消弭它的棱角，它时时盘踞在女人心里，在暗处滋长，像一根蒺藜扎在那儿。

平庸的女人不喜欢和比自己优秀的同性进行对比，这是魔鬼定律，因为对方的优秀或美丽衬托了她的不优秀和不美丽。

许多人因妒生恨，表面夸你嫁得好，转头就非议你不过仗着媚相攀了高枝；嫁得不好，当面替你惋惜，背后便嘲笑你的无能。

在好多人眼里，女人的友情不过是生活的调味品，其实，极致闺蜜情，比爱情来得还不容易。

汉娜·阿伦特是德国一位女哲学家，她和美国女作家玛丽·麦卡锡诠释了这个说法。前者冷静、睿智，后者热烈、奔放，她们初遇于曼哈顿的酒吧，被彼此吸引，继而成为知己。

25年间，她们并不时常见面，只是不间断地在信中谈生活、情感，讨论政治和文学。她们相互鼓励、致意，期待与眷恋，在风暴中陪伴和捍卫对方，同时，又坦诚地指出对方作品中的缺点，还不忘关心对方的情感生活。

你看阿伦特的信："亲爱的玛丽，我刚读完《绿洲》，你写得太好了，你完成了一部名副其实的杰作。"

在她的心里，友谊是对生存维度的延展，能在生活中创造奇迹。

而麦卡锡则回应她："在过去的两个星期里，我完全被你的书吸引，无论是在浴缸里，在开车，或在杂货店排队结账，我都会想到它。"相当长的一段时间里，她心甘情愿地把自己放在一个崇拜者和求助者的位置，毫无保留地把自己的情感问题展现给阿伦特。

直到 1975 年，阿伦特去世后，有出版社受麦卡锡之托，将这些信件汇编成册，取名《朋友之间》，为我们呈现了两个杰出女性的文学观和思想脉络，更呈现了她们漫长而牢固的友情。

《纽约时报》上曾说："她们成为朋友并非因为她们'想着类似的事'，而是因为她们都以与对方、为对方思考为己任。"

她们各自独立又强大，拥有最鲜活的生命力。她们坚忍和本真，给世人演绎了美好。

2

女人都是情感丰富，脆弱又坚强，独立并相互守望的个体，在公平有限的人生里，用自己的方式追求幸福，维持友情。

当然友情不是全部，它只是加分项，但亲爱的，你需要一个闺蜜。

无论你碰到什么问题，闺蜜那里总是最好的疗伤场所。女人之间是有共鸣的，想要表达的意思无须解释太多。

无论以何种形式相聚，同性之间更容易展开话题。明星八卦、个人分享，同性聊这些话题更能使你乐在其中，若涉及性爱及生理的话题，女友的某个建议或许会令你重拾青春的激情。

有一位特立独行的姑娘，特别信奉克里希那穆提的那句话："有依赖，就不可能有爱。"

她在男欢女爱里独立洒脱，却从不回避友情，同性的爱让她懂得，语言多余，女友能听懂自己的沉默。

虽然友情总被排在爱情后面，但当你被爱情绊倒了，至少还有友情能在后面把你扶起来。

3

友情对于女性来说，似乎永远处在一个可以随时被取代的位置。

因为女性的生活重心大多在家庭和事业上，友情像餐后甜点和调味品，比不上正餐。

余秋雨也说过"人世间最纯净的友情只存在于孩童时代"这种极其悲凉的话，居然有无数人赞成，人生的孤独与艰难可想而知。在复杂和冷酷的世界里拼尽全力地站起来真是难，不由得让人生了戒备之心，戴上面具，不再轻易以真心和软弱示人，这样很难与人交心。

尤其是女性，情绪探测器极为敏感，对弦外之音的洞察力过度敏锐，擅长以小见大和见微知著，阻碍了关系的发展。在百度输入"女人的友谊"，前几页收录的几乎都是"女人之间没有真友谊"这样的答案。

说起友情，你绝不能要求它像爱情那样唯一，或如亲情般无私。或许在某个时刻，对方没有满足你当下的期待，或许你们的感受不同步，你会心生不满，过些时间，糟糕的情绪消退后，修复行动至关重要。

任何一种情感都需要经营。

你看电影里，陈意涵失恋时，和她吵架的闺蜜，义不容辞地陪她来一场疯狂的越南行，一边骂她怂，一边为她强出头，陪她哭陪她笑，从失意到欢乐，与她一同抵抗糟糕的时光。

这才是"闺蜜"的全部意义。

有些人生，你只能死磕

1

"生命从来不是公平的，得到多少，便要靠那个多少做到最好，努力地生活下去。"

小菲一直把亦舒的这句话作为人生的座右铭。

她是江南某小镇的初中英语教师，还有一个弟弟。由于父亲去世得早，母亲和她难免对弟弟溺爱一些，尽力护他周全，当他读书、工作、成家以后，本以为苦尽甘来，没想到弟媳和母亲过不到一起去。

母亲在她面前多次流露出想搬出来的意思，但她自己也只有一套旧两居，7岁的女儿分床后，家里已没有多余的房间了。但在一次家庭矛盾后她看到母亲流泪的脸，想到她的命运多舛，还是忍不住将她接回了家。

丈夫虽然不高兴，却也没说什么，但日子开始过得别扭起来。以前他还会参与一些家务，但母亲到来后他就甩手不干了，她只能忍着；母亲有咳嗽的毛病，吃饭时难免因为食物的刺激而咳嗽，他立刻甩脸走人；母亲爱唠叨，但说十句话他一句也不理……

坏日子就像一面镜子，人性所有的自私凉薄，都被照出原形。

母亲也看出女婿并不欢迎自己，平日尽量待在房间里，但矛盾仍是不可避免地爆发了。有一天母亲在卫生间无意将自己的洗脸毛巾晾在了他的毛巾上，他百般指责，她忍了又忍，他毫无忌惮地嚷嚷："养儿防老，你妈不住你弟家凭什么要住我们家？"

两个人压低了声音争吵，句句诛心，最后他夺门而去，她留在房里哭泣。

事后，她整理了一下存折，结婚7年多了，积蓄并不多，丈夫还算顾家，但只拿普通薪水的夫妻真没多少余钱。

她想用这些积蓄加上外借的钱买一小套旧房子，不过，和她想的一样，丈夫不同意。

彻底闹翻后，要强的母亲执意要搬走，她只好在家附近租了间平房暂时将母亲安顿好，回家刚好看到金星采访杨幂，杨幂说："自己给母亲买房子不需要告诉刘恺威。"她瞬间泪流满面，能轻巧地说出这话的人，是因为有这个能力，而自己想买个小房子都是天方夜谭。

一想到年老的母亲像苦海里的孤舟，断梗飘萍，深夜时她的一颗心就会强烈地痛。

她在心里算了一笔账：母亲今年64岁，就算活到80岁也还有16年，不可能永远租房。未来的医疗金、生活费都是钱，弟弟靠不住，她必须承担起赡养的责任。

日子继续下去，但因矛盾太大，婚姻关系日渐冷漠，大概因为被逼无奈，她的内心莫名滋生出一股力量，她意识到靠工资一辈子也无法给予母亲安稳的余生。

她是英语教师，过去不想太累，对家教很不屑，现在她不仅开了小课堂，周末还会去一些培训机构当讲师，晚间会接一些翻译资料，生活过得很累，当她累到撑不下去时就去看看银行卡上慢慢增长的数字，它像照进暗夜的一束光芒，撑着她走下去。

那段日子，她的狼狈、挣扎一眼见底，但希望与力量在倔强里渐露微光。

两年半后，楼上的邻居处理 50 平米的旧居，手里的积蓄加上借的一些钱，终于能给母亲一个小窝了。签合同的那一天，她忍不住哭了出来，擦干泪后，却浑身轻松，虽然背了一些债，但心里有说不出的踏实与澄明。那一刻，她对生活充满信心。

那一天刚好是结婚 10 周年。

纵然夫妻关系交恶，又波折丛生，她也不恨不怨，换位思考也能理解丈夫，毕竟没有血缘的责任不是人人都有胸怀去承担的。从绝望到奋力追起，这世间唯一能靠得住的就是自己，最终成全和受益的还是自己。

2

这个世上，所有姑娘都希望自己生得好、嫁得好，一生衣食无忧，但命运玄妙，不知道什么时候生出一些幺蛾子。

小 C 是我做自媒体时结识的朋友，现在靠写作流量广告轻松月入 10 万，是个小富婆。她却在一次活动中告诉我，现在有多风光，过去就有多彷徨。

她的前半生活得像童话。独生女的她是爸妈的小公主，幸福坍塌在她 30 岁那年，父亲突患肾衰竭。

那时，她刚刚踏入自媒体行业，晃荡了很多年第一次发现钱的重要性。

医院像个碎钞机，父亲换肾后很快花光了所有的钱，一天几千块的医疗费让她入不敷出，老公每月几千块的工资成了她的救命稻草。但还没等她说出想卖房给父亲筹备医药费时，那个婚前愿意拿出数月工资为她买名牌包的男人已大为不悦。

直到婆婆捧来 2000 块钱，拐弯抹角地劝她，孩子，孝顺是对的，但嫁出去的姑娘泼出去的水，过好自己的小日子最重要。她才彻底发觉自己的无助。

她当时想骂：我爹的命都快没了，你要我过自己的小日子，脑子锈掉了？

男人靠不住，她选择靠自己。

她开始拼命写稿，什么来钱快写什么。给大平台做枪手，有啬啬鬼出了 800 块却要她改 800 遍，二话不说，改；给广告商写文案，熬了一个通宵，写完又不要了，认；下一次仍是笑脸相迎。

为了钱，为了父亲的医药费，她每天背着一台电脑守在病床前，将哭泣的女儿丢给家里。顾得了老的就对不起小的，她对自己说如果挣不够一天的医药费就对不起女儿的眼泪。最多时她曾一天写了7篇文案，全部通过，一边收稿费一边续医药费，她知道那是在续父亲的命，哪怕写到吐，写到想死，她也得继续。

没被生活逼迫过的人是无法想象，陷入绝境的人在节衣缩食、捉襟见肘时的窘态的。

很赞同一句话："假使有人说他爱我，我并不会多一丝欢欣，除非他的爱可以折现。"

时隔几年，再听她细说从前，总能听出种种悲凉。果真如此，你口中那么爱我，却不肯为我的至亲掏钱看病？

婚姻里往往充斥着生活带来的越来越沉重的恐惧感，我们很容易被一种"未知的忧伤"压倒，你承诺再多的爱，不如我的口袋里有钱来得踏实，有了钱，我才不会因为穷躲起来哭泣。

3

一条关于郭晶晶的婆婆在平价商场买 300 元衣服的新闻引起了全网女性的围观，很多人赞叹她身处豪门的节俭，却不知富人吃一碗云吞面、买平价衣服都被推崇为朴素低调，但经济不自由的女人却连 200 元的衣服也舍不得看一眼。

如果你只是少年，并不会懂得这些。这是成年人才懂得的一句话。

年轻时只相信爱能让人快乐，但和生存比起来，爱太虚幻，没爱，还能生活，但没钱，生存都难。苦难就是苦难，它来的时候刻薄又狰狞，你唯一能做的，是把它和着眼泪一起吞咽下去。

这几年，我很喜欢看美剧，从观看《绝望的主妇》里那几个 30 岁、40 岁、50 岁的女人一年年与生活斗智斗勇，到目睹《傲骨贤妻》里被丈夫背叛又失去事业多年的 40 岁女律师的东山再起，再到旁观《广告狂人》里的离婚妈妈带着 3 个孩子一步步迈入更好的婚姻……

曾在生活里死磕，拼命与命运较劲的她们，在经历困顿、屈辱后活得豁达乐观。

成长是一件痛苦的事，生命也没有固定模式和套路，生活总会分段进行或出现片刻的变迁，这个过程总会有迷茫、委屈、懒惰、软弱和退缩，所以，只能给自己加油，不服输不放弃，以单纯、干净、勇敢的姿态活着。否则，稍微消极滞后，世界转瞬就换了画面。

过得好的女人，都有一种"单身力"

1

在个性崛起的时代，我发现活得精彩的女人通常拥有一种"单身力"。

这种"单身力"并不是指独身，它代表情绪稳定，能独立思考，从不捆绑伴侣，给予彼此空间，能适当管理自己的欲望，在赢得婚姻的同时，也保全了自己。

有位姑娘刚从摩洛哥归来，历时 11 天。

有人看到黑了两个度的她惊呼："这么远的地方，

你老公也不陪你？两个女人多不安全哪，万一出事怎么办？"

"为什么要他陪？能有什么事？"她伶牙俐齿地反问，"我们事先做足了功课，规划了路线图，在 App 上又下载了最全的攻略，只要你不傻、不呆，都有来去自如的本事。"

是的，再亲密的夫妻也是两个独立的个体。

她不和老公旅行的理由很简单直白："路上两个人永远在吵架。"

旅行本来就是一件操心的事儿，出去玩的女人都想有美美的照片，男人却糙得要命，拍下来就好，哪管你脸盘子大小，腿长腿短，肚子是否像游泳圈，表情是否令人喷饭……

她认为到陌生城市要吃尽美味才不虚此行，男人觉得随意找个酒店或大排档解解饿就好。

还有购物，她想淘尽异地的手绘盘子、羊毛地毯，甚至手编拖鞋来留作纪念，但男人说家门口的超市全有，何苦当脚夫？

为了这些幼稚到可笑的理由，他们常在异乡的集市上气势汹汹地吵，惊天动地，她发誓若再和此男一起外出，自己宁愿做一条狗。

反倒在几次单独放飞回归时，她受到了公主般的待遇，又体会了一番小别胜新婚的热情。

爱人之间光有爱是不够的，还要有空间和自由。

比如我和我先生。

虽然我们都爱运动，但我喜欢迎着朝阳跑，他酷爱夜跑；我追哭笑闹腾的情景剧，他只看国外剧场；我爱书，他爱球；我喜欢自由行，他更愿意把时间花在菜市场和花市……

一开始，我也有过黏人和缠人的时候，却在他迁就的眼神和越来越疲惫的语气中恍然大悟，依附力太强的女人注定不快乐。他为我的转变而转变，我们彼此尊重，界限分明又给予对方最大的支持与空间，多年来其乐融融。

家庭关系一旦被重新定义，必然新生。

如果强行相融，必定矛盾重重，疏离冷漠。再相爱的夫妻，也始终无法脱离烟火气息，超凡脱俗终究太缥缈，稍不注意就会跌进声色犬马的幻想中，而那时，陡然失重的只有自己。

痛苦里酝酿着伟大的事情，前提是你要懂得转化并一点点实施。

2

逛情感论坛时，我看到一位年轻女孩子的帖子，她叙述自己从婚前到婚后，男人对她的态度的转变和她的各种委屈。

仔细看来，不过是一个有事业心的男人在日常生活中显得神经大条和精力不足，冷落了她而已，加上她不善于表达需求，说来说去，她渴盼的不过是有枝可依，婚姻并没有什么不妥。

只是，没能得到满足和回应的她势必痛苦，她不懂的是，她不快乐的原因在于她既无法忍受目前的生活状态，又没能力改变一切。那些小惨痛像米饭中的砂粒，不停地硌着她。

她边吃边哭，一边怕饿着，一边又委屈，却做不到面无表情地把它们挑出来。

我想起钱岳提到的"个人化婚姻"。他强调与其想着获得爱情，更紧迫的是学会如何独处。

不要断章取义，他不过是要求你在婚姻里像单身人士那样经营生活，并不是说要你跟对方彻底疏离，也不是要你跟外界隔绝。保持一种独立性，既有适当的空间独处，又拥有去经营自己热爱的生活、去社交的能力。

其中，"独立"是绝对的关键词。一个在精神和经济上都取得了自主权的女人，就等于拿到了开启独立生活的关键词。

普莉希拉·陈，是扎克伯格的妻子，但她更是一名出色的儿科医生和慈善家；她是聪明的学霸，也是善良的志愿者；她是干练的精英，也是温柔的母亲；她还是一名出色的老师……她多维度的个人形象，才是她真正的魅力所在。

孩子出生之后，普莉希拉·陈继续追梦。她成立了"陈·扎克伯格"基金会，为每一个孩子的健康和教育奔走呐喊。孩子1岁时，她入选美国《时代》杂志全球最具影响力100人。

这就是大女人，有实力也有能力，有才气更有财气，绝不会只围着男人转。

所以，扎克伯格才动情地表白道：

"我爱她表情强烈而又和善、勇猛而又充满爱，有领导力而又能支持他人。我爱她的全部，我和她在一起，感觉很舒适、很自在、很放松。她除了情商高，智商也很高，如果说高攀，那只能是我高攀她。"

精神的富足与多面，才是一个女人更高层次的魅力。

3

《奇葩说》曾有过一个"如果婚姻不再是终身制，而是7年"的辩论主题。

说真的，这个主题让人脑洞大开。台上辩手们唇枪舌剑，探讨了婚姻制度的多种可能性；台下观众也深度思索着现实社会中婚姻对女性的低宽容度。

这个社会的确对女人并不友好。

比如离婚，在没了爱情的婚姻里，女人选择继续凑合，很大一部分原因是害怕离婚带来一系列麻烦，害怕自己淹没在人们的非议中，害怕从一段不幸的婚姻里逃出来，又掉进一个更大的不幸中去。

最大的原因是，没有一个人也能过得很好的能力。

女人，最输不起的从来不是爱情，而是视野和心境、勇气和底气。

脆弱的人总用表面的强悍来掩盖内心，而内心无畏的女人看起来柔美温暖。

我在某次线上活动中认识了一位女强人，她台风凌厉优雅，引经据典时铿锵有力，翻看她的朋友圈，才发现她的人生曾有一段失败的婚姻。

她从不自怨自艾，她觉得，有那个工夫，不如去看本书、看场电影，练半小时瑜伽，或品一杯咖啡，哪怕倒头睡一觉也行。

她的身体里流淌着一腔无处安放的热血。看到她，我才觉得，普通女人的很多理由和借口，都是用来掩饰软弱的，大概现世还算安稳，还未有覆巢倾厦的危险，不需要勇敢。但具体到每个人的生活，勇气和无畏应贯穿全部。

在电影《刺猬的优雅》里，12岁的芭洛玛读懂了54岁的荷妮那高贵的独处能力："从外表看，她满身是刺，是真正意义上坚不可摧的堡垒。""从内在看，她也是不折不扣地有着和刺猬身体一样的细腻。""喜欢封闭自己在无人之境，却有着非凡的优雅。"

她们两个在品味巧克力的情景中不动声色地诠释了这种细腻、敏锐的独处。

为什么喜欢吃巧克力呢？

芭洛玛说，巧克力在舌头上慢慢融化的感觉太美妙了。荷妮说巧克力改变了咀嚼的方式，就好比品尝新菜肴。陶醉的表情、会心的微笑，彰显着她们在独处时正在尝试着灵魂的交流。

这些细碎的勇敢和坚持，才是活在这个世上的方式。

女人一定要保持"单身力"。

这种"单身力"，不仅能让我们保持独立人格的灵性与活力，也能让关系变得更亲密，能提升幸福值，让生活更圆满。

婚姻那么苦，你为何不离婚

1

中午，隔壁的写字楼里发生了一件惊天动地的事，据说男同事大林的妻子跑来单位大闹，原因是她不要离婚。

过程是这样的：

一年前，大林在孩子高考后以情感破裂（具体原因不详）为由提出离婚，他的妻子死活不同意，于是他从家里搬了出去，住进单位，并声称法律规定只要分居一段时间以上，法院会自动判离。

妻子以为他闹腾一段时间就会自动回去，直到接到法院传票才慌了神，一路闹了过来，幸好传达室提前通知了他，他得以从偏门离去，避免了一场面对面的厮杀。

　　那天她一直嚷着要讨个说法，声泪俱下地控诉自己这些年如何照顾老人与孩子，如何苦，他如何不负责任，语气里透着深深的仇恨与绝望。

　　有人不断地安抚她，她从开始的暴怒、声嘶力竭到无声抽泣，再到说宁愿拖死他，也不会离婚。

　　她的表情扭曲变形，脸上有疏于打理的粗糙，瘦小的身子在沙发上缩成一团，让人看了心疼，真想问一句，婚姻那么苦，你为什么不愿意离婚？

　　其实，很多女性都是这样。不是不想离婚，而是害怕离婚，守在婚姻的空壳子里，无论婚姻生活多么不幸与糟糕，哪怕老公在外吃喝嫖赌，把家当成酒店，把自己当作保姆，甚至家暴，自己却还对这份关系留恋不舍，不想改变。

　　因为她们不能接受离婚的事实，无法面对来自外部的议论和内心的恐慌，这种恐慌让她们宁愿一辈子困在婚姻的牢笼里，也不愿迈出去。

2

一个人不爱你是什么样子？

或许是莫文蔚歌里唱的模样："牵手的时候太冷清，拥抱的时候不够靠近。"

小 W 结婚后，慢慢在浅淡的时光里过成了大多数人的样子。为了支持老公的事业，她做了家庭主妇，经过一段岁月的消耗，婚姻渐渐失去了原有的光泽，夫妻关系开始疏离，他们从分房而居到相互漠视已经很多年了。

在无爱的婚姻里，她说每一天都是在将就与苟且，但她不愿离开，因为从恋爱到结婚，这十多年最好的光阴浪费在他的身上了。

她最大的底线是只要他不出轨就行，却很快发现了他的出轨，她哭过闹过，然后说只要他还回家就行。慢慢地他不再回家，过起了家外有家的生活。再后来他提出离婚，她自杀过，可依然无法挽回他的心。

一直记得《离婚律师》里，苗锦绣在得知董大海出轨后的哭诉："我为了你，辞掉工作，放弃自己的事业，带孩子操持家务，照顾老人尽心尽力，你却在外面拈花惹草，你的良心呢？"

董大海却说："别说为了我，你嫁给谁，都会带孩子、操持家务、照顾老人的。"

瞧，这就是现实，当我们觉得自己无比伟大时，男人却觉得这些都是天经地义的。女人在渣男那里早已失去了价值，只有最后死不放手的样子，在他心里成了一个笑话。

真正的好婚姻是找个人一起努力过好日子，有争执、吵闹，却也有温度和甜蜜；而不是和一个人互相折磨着过苦日子。有时放过自己，放弃不爱你的人，日子才能更美好。

3

一位做心理咨询的朋友说过，每当看到那些女性在婚姻里痛苦，却又不愿意放手的样子，恨不得跑过去痛骂一场并摇醒她。

虽然我们无法评判别人的婚姻是好是坏，是守是离，因为没经历过的人根本不了解其中的苦与隐情，更不能去绑架他人的思想。可随着看透世事，因理解婚姻不易而更加心疼女人时，真想对一些女性朋友说："亲爱的，离婚吧!"

并不是鼓励你离婚,而是希望你的人生能及时止损,别让自己的一辈子消耗在冷漠与绝望中。

听一位姐姐说过,这一生最后悔的就是年轻时因为将就没有离婚,整天考虑老人的感受,孩子长大后又顾忌别人的眼光,耗尽半生。

眼见从青丝到白发,从红颜到迟暮,再看身边那些离异的女性朋友活得精彩纷呈,才知道"幸福"这回事,最终只能指望自己。

4

在不幸的婚姻里,女人到底该如何自救?

别在婚姻里忘记自我,当你忘记自我时,你的丈夫也在慢慢遗忘你,在婚姻关系中最怕一方前进,另一方停止不前。

不要对男人过于依赖,那样会失去改变及选择的勇气。

不要过于担心孩子的未来。在现实生活中,不愿离婚的女人大多因为孩子,谁让我们女性拥有人类最伟大及最脆弱的母性呢？

婚姻不幸肯定会影响孩子，但如果一味地让孩子沉浸在父母的不幸中会更残忍，一个独立勇敢的妈妈才是孩子的依靠与成长之动力。

最怕那种受伤后无法自省，丢弃努力及进取，在遭受背叛后，把所有失败都归咎于男人的女人。

5

分享一个读者的故事。

小 M 和老公来自乡下小镇。

7 年前，夫妻俩带着借来的 5 万块钱来城里做生意，从一个小商铺开始做起。两人特别勤奋，又能吃苦。为了省钱，他们每天骑着三轮车四处推销产品，有时从一个地方到另一个地方都要骑好几个小时，但不管有多苦，两人都咬牙坚持，就连小 M 孕期也不例外。

因为能吃苦，头脑活络，善经营，他们的生意越来越好。

小 M 很有投资眼光，她看准了房地产的蒸蒸日上，挣了钱就拿去买房、买商铺，资产很快过千万。

男人不一样，有了钱，诱惑自然多了起来，免不了花天酒地。小 M 并不闹，索性睁一只眼闭一只眼，直到有一天她的老公说要离婚，自己爱上了一个年轻漂亮的女孩儿。

她很干脆地说同意，随后拿出了公司的财务报表和家里的相关资产证明。

老公一看文件傻了眼，公司的股份他仅占 10%，其他 90% 全都归小 M 母子，所有的车子、房子都在小 M 和儿子名下。她清楚地帮老公算完，明确告诉他可以得到 100 万的补偿，家里的房子和车子早已公证，和他没关系。

算完这笔账，老公的态度马上软了下来，跪求原谅，说以后再也不敢了。

看完这个故事，我相信所有人和我一样在心里拼命佩服小 M 的智慧与冷静，否则被扫地出门的可能就换成她了。

她说，男人都是精算师，女人不该把全部人生托付给男人，品性再好、能力再强、再深爱的男人也不行。

故事一个接一个上演。

故事之外，有无数的姑娘从她们身上看到了自己，越来越明白在这个世界上，并不是我们愿意委屈、奉献自己，就能得到想要的人生。

一个需要你时时委屈、妥协的人，绝对给不了你想要的人生。事业和男人可以让我们的生活更加幸福，他们包含在幸福之中，但并非全部。

当你的人生不再依附于别人，当你坦荡地闯入这个绚丽的世界，让自己活得有智慧、坚忍、独立时，你就会发现生命开始变得强大。当你的世界足够大时，人生尽在自己的掌握之中。

优美又有力量，是女人最好的状态，不是所有红颜都薄命。你内心拥有的力量能让好运翻倍！